流域水沙过程及其耦合模拟研究

龚家国　贾仰文　刘佳嘉　王　英　张海涛　杨　苗等　著

科学出版社

北　京

内 容 简 介

  本书以流域水沙过程尺度效应研究为基础，采用 WEP-L 模型平台，建立基于过程的流域分布式水沙耦合模型，研究水沙耦合模型的尺度效应，模拟泾河流域不同人类活动情景下水沙过程演变的规律。全书共分 8 章，包括绪论、黄土区坡面水沙过程研究、流域水沙过程尺度效应及其机理分析、分布式水沙过程耦合模拟原理与建模技术、流域水沙过程模拟模型及其过程参数率定、分布式水沙耦合模型应用中的尺度问题研究、人类活动对流域水沙过程影响的模拟分析和总结与展望。本书阐述的流域水沙过程及其模拟研究成果具有很好的学术和实践价值，在支撑流域水土保持措施科学配置、建立科学的水土保持体系、正确评估水土保持措施效益等方面具有较高应用价值。

  本书可供水土保持和水资源方面的科研、生产与管理人员阅读参考，也可作为高等院校相关专业教师、研究生的教学参考书。

图书在版编目(CIP)数据

流域水沙过程及其耦合模拟研究 / 龚家国等著. —北京：科学出版社，2018.11

  ISBN 978-7-03-059248-4

  Ⅰ.①流… Ⅱ.①龚… Ⅲ.①流域–含沙水流–研究 Ⅳ.①TV131.3

中国版本图书馆 CIP 数据核字（2018）第 241932 号

责任编辑：张 菊 / 责任校对：郑金红
责任印制：张 伟 / 封面设计：无极书装

科学出版社 出版
北京东黄城根北街 16 号
邮政编码：100717
http://www.sciencep.com

北京虎彩文化传播有限公司 印刷
科学出版社发行 各地新华书店经销
*
2018 年 11 月第 一 版 开本：720×1000 1/16
2018 年 11 月第一次印刷 印张：13 3/4
字数：280 000
定价：168.00 元
（如有印装质量问题，我社负责调换）

前　言

　　流域水沙过程是地球形成以来最重要的自然过程之一，对流域内的水分、植被、生态及人类的生产生活具有重要影响。黄土高原地区因其独特的自然地理条件，成为我国乃至世界水沙问题最严重的区域。目前，坡面水沙过程机理认识不完善及流域水沙过程尺度效应等问题已成为流域水沙过程研究的瓶颈。同时，随着模型技术的不断发展，对流域水沙过程研究的不断深入，以及生态治理和区域水沙过程管理等实践需求的不断增加，流域水沙过程模拟已发展到以基于过程的分布式模型为研究重点的阶段。

　　本书以流域水沙过程尺度效应研究为基础，通过完善坡面水沙过程模拟研究，以 WEP-L（water and energy transfer process in large river basins）模型为平台，建立基于过程的流域分布式水沙耦合模型，并对水沙耦合模型的尺度效应进行初步研究；同时，应用该模型对泾河流域不同人类活动情景下水沙过程演变进行模拟分析。主要的研究结论和创新点如下。

　　1）以尺度分析角度，从地形和水动力学条件两方面对"面（片）蚀—细沟侵蚀—浅沟侵蚀—切沟侵蚀"这一典型坡面水沙过程进行研究，指出黄土高原复杂的坡面水蚀过程是坡面产汇流过程中地形和下垫面状况影响下的水流能量尺度变化过程，其本质是水流侵蚀输沙特性的非线性转变。并结合大尺度研究得出，在小尺度条件下水流侵蚀输沙主要受水流侵蚀能力的影响；随着尺度逐渐增大，水流的侵蚀输沙主要受水流挟沙能力的影响；尺度进一步增大后流域输沙率主要影响因素逐渐弱化为上游来水量。因此，在黄土高原地区的水土保持治理过程中，在较小尺度上应注重坡面径流消能，而较大尺度上应注重从减少地表径流量、改变河道径流结构的角度进行配置和治理。

　　2）以室内外试验资料为基础，对黄土区坡面股流侵蚀的主要类型——浅沟侵蚀进行了研究，建立了基于单位水流功率概念的坡面股流侵蚀挟沙方程；从流域水沙过程的角度，提出了基于非饱和黄土抗剪强度变化规律的重力侵蚀模拟方法，并通过野外试验研究了自然条件下 Q_3 黄土抗剪强度变化规律，从而构建了物理机制相对完善的坡面水沙过程模拟模型。

　　3）以 WEP-L 模型为平台，构建了基于过程的分布式流域水沙耦合模型。在杨家沟和董庄沟小流域进行模型参数率定的基础上分析发现，两个小流域均表现出明显的非平衡输沙特点。在泾河流域和南小河沟流域的适应性研究表明，模型对不同尺度流域水沙过程的模拟均有良好的适应性。

4) 以 1956~2000 年泾河流域降水等自然情景为基础，采用情景分析方法初步研究了不同时期下垫面变化及水土保持等人类活动对泾河流域水沙过程的影响。结果发现：①2000 年下垫面情景与 1985 年下垫面情景比较表明，1956~2000 年降水等情况下，人类活动使流域加速侵蚀的状况得到一定程度的缓解，但未彻底扭转，需要进一步加大水土保持治理力度，从根本上扭转人类活动造成流域加速侵蚀的状况；②2000 年梯田、坝地等水土保持工程状况在 1956~2000 年降水等自然情景下的多年平均减水效益和减沙效益分别为 1.0 亿 m^3、0.22 亿 t。

这些研究成果不仅在流域水沙过程研究、尺度问题解决等科学问题上具有重要意义，而且在支撑流域水土保持措施科学配置、建立科学的水土保持体系、正确评估水土保持措施效益等方面具有重要作用。但流域泥沙过程机理复杂，非线性特点突出，还需从基础研究和应用研究两方面对流域水沙过程尺度效应及分布式水沙耦合模型进行深入探讨。

本书的研究得到国家自然科学基金青年基金项目"黄土区坡面水沙过程空间异质性及其尺度效应研究"（51209222）和国家自然科学基金面上项目"黄土高原水沙过程尺度效应与模拟"（50709041）等项目的资助。

由于作者时间、水平所限，书中疏漏不妥之处在所难免，恳请读者批评指正。

龚家国

2018 年 11 月

|目 录|

| 第 1 章 | 绪　　论

1.1　流域水沙过程研究背景

流域水沙过程是地球形成以来最重要的自然过程之一，对流域内的水分、植被、生态及人类的生产生活具有重要影响（王光谦，2007）。特别是黄土高原地区，由于其特殊的地形地貌、气候等自然条件，强烈的水土流失造成的泥沙问题成为该地区首要的生态环境问题。与此同时，随着气候变化和人类活动不断增强，流域极值水文事件不断增多，使得该地区原本存在的水土流失、植被退化、水资源短缺、环境污染及耕地面积骤减等问题愈加严重（王飞等，2003）。

在黄土高原地区，特殊的自然地理条件造成的强烈侵蚀作用，使地表沟壑纵横，地貌类型复杂多变。由此形成的复杂的产汇流及侵蚀输沙条件，使得该地区的水沙过程机理非常复杂。同时，由于流域水沙运动存在的条件（如土壤、植被、地形地貌等）具有空间异质性，降水、蒸发等因素在流域上的分布呈现不均匀性与分散性，以及产流产沙过程的非线性运动特性两个方面综合作用，流域水沙过程存在复杂的尺度效应。目前，坡面水沙过程机理认识不完善（张建军，2007）及流域水沙过程尺度效应等问题已经成为流域水沙过程研究的瓶颈。

随着模型技术的不断发展，对流域水沙过程研究的深入，以及生态治理和区域水沙过程管理等实践需求的不断增加，流域水沙过程模型已经从模拟单一过程的经验统计模型、具有部分物理机制的集总式概念模型发展到以基于过程的分布式模型为重点的研究阶段。目前，基于过程的分布式水沙耦合模型已经成为模拟和研究流域水沙过程及尺度问题的重要工具（丁晶和王文圣，2004；金鑫等，2006；王光谦等，2008）。

鉴于上述原因，本书总结了"十一五"国家科技支撑计划课题（2006BAB06B06）"黄河水资源管理关键技术研究"、国家自然科学基金重点项目（50939006）"'自然-社会'二元水循环耦合规律研究——以渭河流域为例"、国家自然科学基金青年基金项目（51209222）"黄土区坡面水沙过程空间异质性及其尺度效应研究"、国家自然科学基金面上项目（50709041）"黄土高原水沙过程尺度效应与模拟"、国家自然科学基金面上项目（50779074）"黄土高原流域水文生态过程相互作用机制与耦合模拟"等项目的研究成果，选择泾河流域及南小河沟流域，在流域水沙过程尺度效应研究、典型水沙过程试验研究的基础上，以 WEP-L 模型为平台建立分布式水沙耦合模型，并以此为工具研究人类活动影响下流域水沙过程响应规律。在深入研究黄土区水沙过程机理及其尺度效应研究、多泥沙地区的水沙过程模拟、流域水土资源评价和管理，以及黄土高原的水土保持和生态建设等方面具有理论研究和科学实践指导意义。

1.2　流域水沙过程研究进展

1.2.1　水文模型研究进展

流域水文模型的发展是随着经济社会发展需要及科学技术水平不断提高而不断向前发展的。20 世纪初至 60 年代，由于世界范围内大规模的水利工程建设，工程水文学逐渐成熟起来。这期间的流域水文模型主要表现为降雨径流响应模型即"黑箱"模型，如 Sherman 的单位线法和 Nash 的瞬时单位线及线性水库法等（Sherman，1932；Nash，1957）。由于这一类型的模型简单实用，不断有学者进行研究发展。随着科学技术的进步，在 20 世纪 60 ~ 80 年代，流域水文模型开始出现概念集总式模型即"灰箱"模型。代表性模型包括美国的 Stanford 模型（Crawford and Linsley，1966）和 HEC-1 模型（HEC，1968）、日本的 TANK 模型（Sugawara，1995）、我国的新安江模型（Zhao，1995）等。这类模型将整个流域作为研究单元，考虑流域蓄满、超渗产流及汇流等概念，并根据河川观测流量来率定模型参数，从而实现对流域产汇流过程的模拟。"灰箱"模型虽然比"黑箱"模型前进了一大步，但尚无法给出水文变量在流域内的分布，满足不了人们对流域水文过程管理，从而实现资源化利用等流域管理的目的。为了实现流域管理实践中对流域各个位置的水位水量等水情信息的需要，Freeze 和 Harlan（1969）提出了基于水动力学偏微分物理方程的分布式水文模型"蓝本"。自 20 世纪 80 年代以来，计算机技术、地理信息系统和遥感技术取得长足发展，以"蓝本"为主要理念的分布式和半分布式的流域水文模型开始大量涌现。在美国和加拿大常用的包括 HSPF 模型（Bicknell et al.，1993）、SWMM 模型（Huber and Dicknson，1988）、USGS-MMS 模型（Leavesley et al.，2002）等。在欧洲有 SHE/MIKESHE 模型（Abbott et al.，1986）、TOPMODEL 模型（Beven et al.，1995）等。在日本也出现了许多有着广泛影响的模型，如小尻模型（小尻利治等，1998）、OHyMoS 模型（高棋琢马等，1995）、WEP 模型（Jia et al.，2001）等。

随着对水文过程机理研究的深入，以及数学、计算机等工具的发展，水文模型在不同方面也取得深入发展。在物理性流域水文模型研究方面可以归结为3个代表性的发展方向（Nash，1957）：在物理性和计算效率之间取得平衡的准物理性水文模型，如 SWAT 模型等；基于不规则网格的物理性水文模型，如王蕾等（2010）建立的 TPModel 模型；直接在宏观尺度建立数学物理方程的尺度协调的物理性水文模型，如基于代表性单元流域的水文模拟模型（Tian et al.，2006）等。与此同时，为了解决原有建模思想中存在的问题，许多研究者进行了改进研究，如杨志勇（2007）采用基于空间均化方法建立的宏观尺度水文控制方程描述了计算单元内入渗、壤中流和坡面汇流等基本水文过程，在模拟方程中直接包含了土壤饱和导水率和微地形的空间非均匀性，保持传统"点"尺度方程机理性的同时从理论上避免了方程适用尺度和模型应用尺度的不匹配问题（贾仰文等，2006a）。同时，为了满足"自然–社会"二元"真实"情景下超大型流域水文模拟的实践需求，WEP（water and energy transfer process）模型（Jia et al.，2006）逐渐形成了满足流域二元水循环模拟的 WEP-L 模型。在原有 WEP 模型综合水文和能量过程研究中形成的成熟理论和成果，以数值求解控制水流运动的偏微分方程组为基本手段，在物理性和计算效率之间取得很好平衡的基础上，使得模型在具有深刻的物理机制的同时较好地解决了计算效率问题，并且耦合了天然水循环过程和人工取用水工程，在综合模拟了天然水循环过程的同时也模拟了人工取用水过程，较好地实现了对大中小型流域在自然及全球变化和人类活动扰动条件下的流域水文过程的高精度模拟，从而实现了理论与实践应用的综合发展。

1.2.2　流域泥沙过程研究进展

流域泥沙问题是一个古老而又年轻的科学问题，主要研究土壤侵蚀、水土流失、河道演变、水库淤积、河口海岸变迁，以及由泥沙运动导致的固体物质从山区搬向平原和海洋、形成冲积平原和三角洲及在海洋环境沉积等过程。泥沙过程的微观过程包括土壤颗粒的侵蚀与输移两个方面，土壤颗粒在重力、水力、人类活动等作用下发生移动，并随着流域产汇流过程的进行而发生泥沙的输移。在这个过程中土壤颗粒（或泥沙颗粒）的侵蚀—沉积—输移—再侵蚀是同时发生同步进行的动态平衡过程。

土壤侵蚀指土壤及其他地面构成物质在各种营力作用下，被破坏、剥离、分散、搬运的过程。按侵蚀营力的不同可划分为水力、风力、重力、冻融及复合侵蚀5个类型。其中，水力侵蚀指地表土壤等物质在降水、径流等作用下被冲蚀、剥蚀、搬运和沉积的过程。复合侵蚀指两种或多种侵蚀营力共同作用的侵蚀类型，如水力、重力作用下发生的泥石流常伴随滑坡侵蚀等。水力侵蚀是土壤侵蚀的重要方式，在全球侵蚀区域中，水力侵蚀危害巨大，是引起水土流失并造成江河湖库泥沙危害的主要来源。黄土高原地区严重的泥沙问题，除了人类活动、气候、地形地貌、植被等原因外，最重要的基础因素是黄土的易蚀性。黄土是第四纪的一种特殊沉积物，是一种疏松细碎的沉积土壤，具有发达的直立性状和湿陷性。这两种特性在降水因素的长期影响和综合作用下，使黄土高原地区从坡面、小流域到大流域等不同尺度上形成了复杂的地形地貌特征。

水力引起的土壤侵蚀是伴随流域内的降水、产流、汇流过程而发生和发展的。水力侵蚀按照侵蚀形态及发生位置可以分为坡面侵蚀和沟道侵蚀两大类。对较小尺度水力侵蚀的研究，又可分为面蚀、沟蚀及潜蚀等。其中，潜蚀也称为洞穴侵蚀，是较为特殊的一种水蚀类型，它是地面径流沿与土体垂直的较大空隙发生潜蚀、冲刷、淘蚀等作用而形成洞穴的过程。这种侵蚀类型经较长时间的发展演化，最终会发展成为较大的沟道侵蚀。而对大中流域，由于无法获得研究区内较为微观的地表信息，一般将水蚀分为坡面和沟道两大类。

1. 坡面土壤侵蚀过程研究进展

坡面侵蚀类型从侵蚀地貌形态上可以分为降雨溅蚀、面（片）蚀和沟道侵蚀。沟道侵蚀又可分为浅沟、切沟、冲沟侵蚀。对细沟侵蚀的归属，到底应归于面蚀还是沟道侵蚀，在过去的研究中曾有过不同的划分，但在目前的研究中基本都趋向将细沟侵蚀归为面（片）蚀。

同时，坡面侵蚀类型从侵蚀的动力学机理上可以分为雨滴溅蚀、薄层水流侵蚀、股流侵蚀及重力侵蚀。下面从侵蚀动力学机理的角度，对黄土区坡面侵蚀研究进展加以综述。

（1）雨滴溅蚀

雨滴溅蚀是发生土壤侵蚀的最开始阶段，主要受降水特征、地形、地面覆被类型、土壤特性、坡面径流及风速、风向等因素的影响。其中，降水特征是影响雨滴溅蚀的动力因子，包括降水量、降雨强度、雨滴级配、雨型、雨滴终速度、降水分布等多种指标。地形、风速、风向及地面覆被类型等因子则通过侵蚀动力因子及溅蚀空间分布对雨滴溅蚀产生影响，包括坡度、坡长、坡向、风速、地表覆被类型与厚度等多种指标。土壤特性则通过其抵抗雨滴侵蚀能力的强弱来影响雨滴溅蚀，包括土壤级配、有机质含量、含水量。

国外研究者对雨滴溅蚀及其影响因素之间的关系进行了研究，Ellison 和 Bisal 采用雨滴大小和终速度，Rose 和 Parket 分别采用降水动能，Forster 和 Meyer 采用降雨强度对雨滴溅蚀进行了不同角度的研究（吴普特，1997）。Gilley 和 Finker 利用不同文献中提供的雨滴及终点速度资料，采用统计学方法研究了降水与雨滴溅蚀的关系，并给出了计算方程。Nearing 和 Bradford 利用人工降水装置研究了相同雨滴条件下不同土壤的溅蚀规律，发现相同坡度条件下，雨滴溅蚀与雨滴动能呈线性关系。

国内研究者在雨滴溅蚀方面也进行了深入研究。在雨滴溅蚀的雨滴动能与侵蚀量的规律研究方面：江忠善等（1983）利用滤纸色斑测定雨滴直径的方法，研究了野外降水条件下雨滴大小组成、中数直径和动能与降雨强度的关系，建立了降雨强度与雨滴动能的关系式。范荣生和李占斌（1993）在室内外径流场的人工降雨侵蚀试验中观测及资料分析的基础上，阐述了降雨击溅现象、雨滴溅蚀与径流侵蚀的关系、影响雨滴溅蚀的主要因素，并提出定雨强时溅蚀能力随净雨历时增长而衰减的数学模型。张科利等（1998）通过人工模拟降雨试验，分别观测降雨过程中不同方向上溅蚀强度的变化，根据各影响因子间相互消长及相互制约的关系特点，分析了雨滴溅蚀发生的过程特征及其变化原因。从溅蚀过程的变化特点及溅蚀强度的变化规律比较，定量地探讨了坡度对雨滴溅蚀的影响作用，得出了溅蚀强度与坡度因子之间的关系方程。吴普特和周佩华（1992，1993）、吴普特等（1997）采用人工模拟降雨的试验方法，分别研究了地表坡度对向上坡、侧坡及下坡溅蚀量的影响，给出了雨滴溅蚀总量与降雨动能、降雨强度及地表坡度的复因子关系式。汤立群（1995）对雨滴溅蚀过程及影响因素进行了全面的分析，在揭示黄土地区梁峁上部雨蚀规律的基础上，运用牛顿第二定律，推导出雨滴对土粒撞击力的表达式。此外，王协康和方铎（1997）利用因次分析导出了雨滴溅蚀量的定量表达式，并借助雨滴溅蚀有效径流深对溅蚀公式进行简化和分类，根据试验资料对建立的公式进行率定和研究，利用坡面流分离变量形式，导出了坡面流的微分基本方程及其近似解。

与此同时，对不同下垫面情况下的雨滴溅蚀过程研究也较为深入。下垫面覆被条件对溅蚀的影响，主要表现为植物枝叶截留及其枯落物层对雨滴动能的消减作用，从而减少了地表的降雨溅蚀量。韩冰等（1994）利用天然降雨下 30 年生山杨林内溅蚀试验资料，研究了不同 I_{30}（最大 30 分钟降雨强度）条件下的溅蚀过程。马波等（2010）采取室内模拟降雨手段，利用溅蚀杯法分别测定了不同生长阶段的谷子冠层下及裸地上的溅蚀速率。土壤特性也是重要的影响因素，包括土壤粒径组成、土壤含水量、结构和有机质含量等。在相同的条件下，由于沙土的黏滞力比粉沙壤土小，沙土的雨滴溅蚀强度一般较粉沙壤土大。此外，土壤的结皮特性对雨滴溅蚀也具有重要影响。胡霞等（2005）通过人工模拟降雨溅蚀试验，观察分析结皮的发育特征与土壤溅蚀的关系发现，降雨过程中有两种类型结皮形成，即沉积结皮和结构结皮。土壤结皮随着土壤表面大团聚体或者大颗粒的分散而形成，并且伴随着下层大孔隙出现。土表结皮的完善过程，也是土壤抗溅蚀能力增强的过程。

综上所述，对黄土区雨滴溅蚀过程及影响因素，以及其对坡面产沙输沙的研究已经进行了较为深入和全面的研究。

（2）薄层水流侵蚀

薄层水流侵蚀指坡面薄层水流对土壤的分散和输移过程，是坡面分布最广的土壤侵蚀类型。薄层水流水力学特性及其侵蚀输沙关系研究一直受到人们的普遍重视。目前的研究中描述水流动力学特征的主要水动力学参数包括径流深、径流平均流速、流量、切应力、雷诺数、弗劳德数、过水断面单位能量及阻力系数等。这些参数之间的关系及其与坡面侵蚀产沙过程的关系研究构成了薄层水流侵蚀研究的主要内容。特别是坡面薄层水流在顺坡流动过程中，导致水土界面的土体被剥离破坏，并被水流输移到下游断面，这一过程中径流剥蚀的侵蚀临界条件与泥沙输移过程是研究的重点。

在国外，Horton（1945）于20世纪30年代最早从水文学角度对坡面流的特性进行了系统的定量研究，认为在光滑河床层流水流条件下平均流速与表面水流速度之比为0.67，并在1945年进一步探讨了土壤侵蚀与水流速度和水深的关系。Savat通过试验研究指出了细沟侵蚀与弗劳德数的联系。Foster等（1984）通过不同条件下的试验研究和理论分析探讨了细沟流的流速及分布、水力半径及阻力系数的表达式；Govers根据野外调查和试验研究，建立了细沟流的流量、流速与过水断面面积间的关系；在水流水动力学参数与侵蚀产沙的研究方面，Lyle和Smerdon（1965）首次用水槽试验研究了土壤分离速率与径流剪切应力间的关系；Foster等（1984）提出，当水流剪切应力大于土壤的临界剪切应力时，土壤颗粒被剥蚀，潜在的土壤剥蚀率可表示有效水流剪切力的线性函数。此外，Hudson、Morgan等分别采用径流动能来表示径流侵蚀力（吴普特等，1997）。Elliot和Laflen（1993）将细沟侵蚀分为冲刷、沟头下切、侧蚀和剥蚀四部分，而剥离能力则是各个分量的总和，并认为水流功率能够准确地预测剥离能力。Nearing等（2005）在野外条件下研究了土壤分离过程，指出水流功率更能准确地模拟土壤分离过程。

在黄土高原地区，除从水动力学角度，应用水力学理论研究薄层水流水动力学特性及其与侵蚀产沙的关系之外，同时也从侵蚀地貌的角度，通过模拟面（片）蚀、细沟侵蚀发生发展的地形和水动力学条件研究薄层水流的地形、水动力学临界条件等。

张科利（1998）通过径流冲刷试验研究认为，坡面侵蚀方式由面状侵蚀向细沟侵蚀发展过程中弗劳德数大于 1 可作为反映细沟侵蚀发生的水动力临界参数，除满足水动力临界条件外，细沟侵蚀发生还要求具有最小径流量和一定的土壤，临界径流量的大小主要由坡面倾斜度决定。蔡强国（1998）通过雨后野外细沟侵蚀调查资料、试验小区观测和模拟降雨试验研究发现，细沟侵蚀临界坡度与土壤临界抗剪强度呈线性关系。张科利和唐克丽（2000）通过室内径流冲刷试验，研究了黄土坡面细沟侵蚀发生的水动力学机理及其输沙特征，发现试验条件下，黄土临界剪切应力为 6.78Pa。丁文峰等（2001）通过玻璃水槽试验和径流冲刷试验研究发现，径流在坡面上并非以均匀流形式运动，而是以滚波的形式运动，并通过建立给定土壤条件下坡面土壤侵蚀率估算模型研究发现，坡面土壤侵蚀的临界径流能耗为 7.38J。邵学军等（2004）通过建立陡坡水动力学模型研究了坡面水流细沟侵蚀临界状态的判断方法。认为临界摩阻流速可以作为判别坡面细沟流侵蚀临界状态的水动力学指标，在给定的坡面尺寸、净雨强和初始微地形条件下，计算得出了细沟流摩阻流速达到临界值时所对应的坡度，指出 15° 是一个发生细沟侵蚀的特征坡度。李鹏等（2005）通过室内土槽放水冲刷试验发现，径流输沙率随径流流量的增加而增加，径流输沙率与径流剪切力随坡度呈抛物线形式变化，当坡度在 21°~24° 时输沙率最大，且泥沙输移率与径流剪切力之间存在线性关系，径流临界剪切力为 1.701N/（m^2·min）时，发生细沟侵蚀的临界径流水深与坡度正弦值成反比。王文龙等（2007）采用多坡段组合模型，通过室内人工模拟降雨试验研究指出，薄层水流侵蚀的临界水动力条件是 $Re \geq 1500$，$E \geq 1.4$ cm。

除了上述薄层水流侵蚀临界条件研究，对薄层水流的侵蚀能力也进行了较为深入的研究。靳长兴（1995）认为，可以用考虑坡度影响的径流动能来反映径流侵蚀力大小；张科利和唐克丽（2000）根据变坡水槽试验结果，建立了基于水流剪切力的径流剥离能力公式。蔡强国（1995）的野外试验结果表明，径流剥离能力与水流功率呈幂函数关系，同时土壤抗剪强度对径流剥离能力存在影响。李占斌等（2002）根据变坡土槽径流冲刷试验结果，建立了坡面薄层水流剥蚀率与坡面径流通过坡面的能量损耗关系式。

综上所述，国内外学者对薄层水流侵蚀发生的临界条件、侵蚀水动力学过程及产沙输沙过程等方面进行了较为深入的研究。可以为建立物理机制的薄层水流侵蚀模型提供很好的支撑。

（3）股流侵蚀

股流侵蚀是薄层水流进一步汇流之后的侵蚀形态，其侵蚀和输移能力较薄层水流更强。在国外，由于地形平缓，绝大多数研究者对股流的研究，是以改进的 Duboys 河道冲刷方程薄层水流侵蚀研究成果为基础进行的，并进一步研究认为，股流侵蚀与水流有效剪切力之间为指数函数关系，其指数 b 为 1.5。Laflen 等 (1991a，1991b) 利用牧区径流水沙过程资料率定了基于水流有效剪切力的股流侵蚀方程，并认为股流侵蚀临界剪切力变化范围为 0 ~ 20Pa。Zhu (1997) 研究认为，股流侵蚀量是水流剪切力的指数函数，且指数变化在 1.7 ~ 6.8。

与国外股流侵蚀研究对象显著不同的是，黄土区的股流侵蚀的典型侵蚀地貌包括浅沟和切沟，其下垫面形态更加复杂，地形坡度更大。张科利等 (1991) 采用航片及野外调查的方法，研究了陕北黄土丘陵沟壑区浅沟侵蚀，发现浅沟侵蚀临界坡度约为 18°，临界坡长为 40m 左右，临界汇水面积约为 650m^2，坡度为 26°左右时最利于浅沟侵蚀的发生。姜永清等 (1999) 利用航空影像研究了周屯沟小流域发现，浅沟分布密度为 7.2 条/100m，平均长度为 64.7m，平均坡度为 23°。王文龙等 (2003a) 利用室内降雨+放水试验研究发现，浅沟流量是细沟出现时的 5 ~ 6 倍，流速与水力半径是细沟水流的 2 ~ 3 倍，Re 是细沟的 5 倍左右，Fr 是细沟的 1 ~ 2 倍，阻力系数基本相同，并进一步研究认为，水动力临界条件可以认为是 $Re \geq 7000$，$E \geq 4.8$ cm。龚家国等 (2008) 利用野外放水冲刷试验资料分析认为，坡度对浅沟水流的能量分配具有重要作用，并通过室内模拟降雨试验系统研究了股流侵蚀水流的水动力学参数变化规律。李斌兵等 (2008) 利用高精度全球定位系统 (global positioning system，GPS) 进行纸坊沟小流域的野外调查，发现浅沟侵蚀主要发生在 15° ~ 35°的坡地上，而切沟主要发生在大于 35°的坡地上，两者发生的临界地形条件可以表示为上游汇水面积和坡度的函数。秦伟等 (2010) 利用 QuickBird 遥感影像和 5m 分辨率数字高程模型 (digital elevation model，DEM) 研究发现，陕北浅沟侵蚀的临界坡长介于 50 ~ 80 m。

综上所述，由于具体研究对象的差异，国外股流侵蚀研究成果难以直接用于黄土区股流侵蚀过程模拟。国内股流侵蚀地貌的研究为模型模拟股流侵蚀发生条件提供了很好的支撑作用，但股流侵蚀水动力过程研究开展较少，难以支撑股流侵蚀模型的开发研究。

(4) 重力侵蚀

重力侵蚀是黄土区的重要侵蚀形式之一。一般认为重力侵蚀是斜坡上的风化碎屑、土体或岩体在重力作用下发生变形、位移和破坏的一种土壤侵蚀现象。常见的表现形式有泻溜 (debris slip)、崩塌 (land fall) 和滑坡 (landslides) 等。

曾伯庆等 (1991) 通过对晋西三趾马红土的泻溜重力侵蚀观测，发现泻溜类型在一年四季均有发生，高峰出现在 3 ~ 4 月，且其强度旱季大于湿季；并发现红土的泻溜侵蚀发生在 40° ~ 60°的陡坡上，其侵蚀模数可达 48 604 t/km^2，为估算重力侵蚀发生的规模提供参考。曹银真 (1981) 研究认为，重力侵蚀主要位于峁边线以下的区域，并首次运用传统土力学中的滑弧法对谷坡进行简要的受力分析，得到了土坡不稳定判别关系。付炜（1996）在系统分析黄土丘陵沟壑区土壤重力侵蚀灰色系统预测模型的构造原理和方法的基础上，采用灰色关联度的方法来反映模型的预测值与土壤重力侵蚀观测值之间的关联性，同时引入了残差辨识的理论和方法反映土壤重力侵蚀系统的动态变化规律。该模型对晋西离石王家沟流域的土壤重力侵蚀进行了试验验证，取得了较高的预测精度，为土壤重力侵蚀研究提供了一条定量化分析的新途径。蔡强国等（1996）依据大量小流域野外试验小区观测与模拟降雨试验资料，建立由坡面子模型、沟坡子模型、沟道子模型组成的黄土丘陵沟壑区小流域预测侵蚀产沙量的侵蚀产沙过程模型。在其中的沟坡子模型中，通过拟合得到重力侵蚀量与径流深之间的幂函数关系。该研究为流域水沙过程中的重力侵蚀模拟提供了很好的借鉴。王光谦等（2005）通过运用水力学、土力学等力学理论，建立了黄土区沟坡重力侵蚀的力学概化模型，同时运用模糊及概率分析等数学方法将黄土沟坡的稳定问题转化为失稳概率，以失稳概率作为沟坡崩塌发生的预报条件，从而实现了考虑沟谷水流侧向切割、降雨入渗影响下的重力侵蚀模拟。

与以上针对较大规模重力侵蚀研究不同的是韩鹏等（2002，2003）利用室内模拟试验的方法对典型坡度条件下黄土坡面细沟发育过程中的重力侵蚀规律进行了研究。通过对水沙测量结果的统计分析，同时结合试验中对重力侵蚀现象的观测，给出了试验条件下的临界重力侵蚀含沙量，以此为依据计算了重力侵蚀产沙量及重力侵蚀量达到总侵蚀量50%时对应的"中值时间"。结果表明，在细沟发育过程中，重力侵蚀产沙量存在着由增大到减小再到波动的变化趋势，这一趋势对坡面产沙变化具有重要的影响。重力侵蚀发生的"中值时间"则由小变大，反映了细沟发育的不同阶段重力侵蚀由以沟头坍塌为主向以沟壁崩塌为主的转化过程。该研究说明在黄土区重力侵蚀从较小尺度到较大尺度均是地形塑造和侵蚀产沙的重要类型之一，其研究为黄土区坡面高含沙水流过程机理研究提供了重要的参考。

此外，许多研究者（黄润秋，2007）利用有限元、数值模拟等方法对滑坡等大型侵蚀过程进行了模拟和研究。由于其计算过程较为复杂，需要的输入参数较多，难以适应流域水沙过程研究的需求。

综上所述，对重力侵蚀过程及其发生的机理研究已经有了一些研究成果，但重力侵蚀在流域水沙过程中对输出流域泥沙的贡献研究，以及重力侵蚀改变流域地貌及其对流域侵蚀产沙的影响研究较少，有待于从其侵蚀发生机理的角度对重力侵蚀过程进行深入研究和重新认识。

2. 河（沟）道泥沙过程研究进展

对多沙河流，河床调整速度慢，影响距离长，必须用非平衡输沙理论描述

（王光谦，2007）。对实际的非均匀悬移质，在不平衡输沙时，不仅含沙量沿程变化，同时悬移质级配将会发生变化，相应的床沙级配也会发生变化。我国学者在这方面进行了广泛的研究。韩其为（1979）、韩其为和何明民（1997）根据泥沙运动统计理论建立的扩散方程在底部的边界条件导出了恢复饱和系数的定义及方程，并给出有关参数及恢复饱和系数的表达式。通过数值计算发现，在一般水力因素条件下，平衡时恢复饱和系数在 0.02 ~ 1.78，平均接近 0.5。韩其为和陈绪坚（2008）提出了底部恢复饱和系数的概念，并推导了恢复饱和系数是底部恢复饱和系数和含沙量分布系数的乘积，从理论上合理解释了恢复饱和系数的取值问题，而且进一步推导了非均匀沙恢复饱和系数的计算式，研究表明，不同粒径组的恢复饱和系数值是不同的，非均匀沙的平均恢复饱和系数应按沉速和级配的乘积加权平均计算，黄河下游通常水流条件（摩阻流速为 3 ~ 30cm/s）的平均恢复饱和系数约为 0.1，平均底部恢复饱和系数为 0.05 ~ 0.1，平均综合恢复饱和系数最小约为 0.01。王新宏等（2003）利用概率论分析了分组沙的恢复饱和系数与混合沙的平均恢复饱和系数之间的关系，发现分组沙的恢复饱和系数与混合沙的平均沉速成正比，与该粒径组泥沙的沉速成反比，并且给出了一个计算分组沙恢复饱和系数的半理论半经验关系式。韩其为（2006）依据泥沙交换的统计理论，建立了非均匀沙扩散方程在床面的边界条件，并在此基础上积分二维扩散方程，得到了恢复饱和系数。同时导出了在强平衡条件下的恢复饱和系数的理论表达式和相应的数字结果，并给出了不平衡条件下恢复饱和系数的近似值和综合恢复饱和系数的数值。

同时，不同条件下的水流挟沙能力研究是进行河流泥沙研究的重要内容。在黄土高原地区，由于地形差异较大，含沙水流变异较大。其中，小流域沟道是泥沙进入江河的初级通道，在洪水流量较大时沟道挟沙力强，其输沙量往往接近断面以上流域侵蚀量，进入江河的沙量取决于流域内的补给沙量，但在洪水流量较小时，沟道水流挟沙力下降，其输沙量小于断面以上流域侵蚀量，进入江河的沙量取决于各级沟道的挟沙能力。黄土地区小流域沟道纵横、陡且固体物质补给十分丰富，虽然沟道尺度不大，但水流含沙量却很高，已有各种基于低含沙水流的挟沙公式不能表达沟道中高含沙水流的输沙特性（费祥俊和邵学军，2004）。费祥俊和舒安平（1998）提出了以水流紊动支持泥沙悬移为基础的水流挟沙力公式，并在此基础上通过 53 组悬移质输沙平衡试验进一步提出小流域沟道挟沙力公式，经王光谦等（2008）、李铁键等（2009）应用于黄土区沟道水沙过程研究证明，公式具有较好的适应性和较高的精度。

此外，不少学者在河道水流挟沙能力方面也进行了深入研究。张红武和张清（1992）从水流能量消耗和泥沙悬浮功之间的关系出发，在考虑泥沙存在对卡门常数和泥沙沉速等影响的基础上，给出了半经验半理论的水流挟沙力公式。张羽等（2006）选取了张红武公式、麦乔威公式、曹如轩公式、刘兴年公式、张瑞瑾公式和刘峰公式共6组水流挟沙力公式，运用黄河干支流花园口、夹河滩、高村、孙口、艾山、泺口、利津、黑石关等水文站1955～1982年的水沙资料进行验证。结果表明，所选的6组公式中，张红武公式的计算值与实际值最为接近，精度最高。郭庆超（2006）在收集大量天然河流实测资料的基础上，对长江、汉江、塔里木河干流、黄河及三门峡水库的水流挟沙能力进行了分析研究，研究认为，韩其为的高低含沙量统一的挟沙力公式可以适用于各种不同的天然河流，系数取值稳定且容易确定。舒安平和费祥俊（2008）以固液两相挟沙水流紊动能量平衡时均方程为理论出发点，在二维、恒定、均匀、充分紊动的流态条件下，推导了悬移质运动效率系数的表达式，并进一步推导得出水流挟沙力的结构公式，然后依据115组天然沙和粉煤灰两种平衡输沙试验的实测数据，结合高含沙水流的流变特性及输沙特性，确定挟沙力结构公式中的有关参数，获得了具有普遍意义的高含沙水流挟沙力公式，最后采用大量的黄河、无定河、长江等天然河道实测资料对公式的可靠性进行验证，结果表明，计算值与实测值相符合的程度令人满意。舒安平（2009）基于悬移质运动效率系数等泥沙悬浮能耗的概念建立了水流挟沙力统一结构式公式，并将前人众多的水流挟沙力公式进行分类，归纳为含沙量型与输沙率型两种主要形式，发现现行的主要挟沙力公式可以统一于所建立的结构公式中。通过黄河、长江等天然实测资料对张红武等4种水流挟沙力公式的可靠性进行验证分析，发现张红武与其公式的计算精度比较符合实际。

综上可知，目前在黄土区进行的挟沙水流能力研究方面已经取得了较大进展，其中，费祥俊公式对侵蚀塬区的沟道水沙过程的适应性较好，而张红武公式在较大河流上的应用较多、效果较好。

3. 流域泥沙模型研究进展

目前已有的侵蚀产沙模型可归纳为经验性模型和物理概念性模型两类。经验性模型一般指依据观测资料，采用一定的数学方法进行分析，从而建立侵蚀产沙量与其主要影响因素之间的经验关系式。例如，美国USLE、RUSLE，以及我国学者建立的众多区域性的侵蚀产沙模型（汤立群，1995；符素华等，2001；祁伟等，2004），这些模型对我国黄土区水沙过程模拟提供了良好的借鉴作用。物理概念性模型主要指以侵蚀产沙的基本物理过程为基础，通过对复杂的侵蚀产沙现象和过程的概化和近似，建立模型的整体结构和微观结构，并用实际观测资料来优选和决定模型中的参数，如美国的WEPP（water erosion prediction project）模型（Nearing，1989），欧洲的EUROSEM（European soil erosion model）（Morgan et al.，1998），澳大利亚的 GUEST（Griffith university erosion system template）模型（Misra and Rose，2010）等。与此同时，许多最初针对其他研究目的的模型也发展出了流域水沙过程模拟的能力，如 SHE（systeme hydrologique Europeen）（吕允刚等，2008），以及基于多目标的分布式模型均涉及了流域泥沙过程的模拟和计算（蔡强国等，2006），如 AGNPS（agricultural nonpoint source）模型，ANSWERS（area nonpoint source watershed environment response simulation）模型（Fisher et al.，1997）。

目前，我国学者对物理概念性模型开发取得了重要进展。汤立群和陈周祥（1994，1997）根据黄土地区侵蚀产沙的垂直分带性规律，将流域划分为三个典型的地貌单元，分别进行水沙、泥沙输移及沉积演算。其模型包括径流和泥沙两部分，其中，径流模型中采用超渗产流模型，泥沙模型则在基于径流量和供沙量计算的基础上，通过侵蚀水流挟沙力与供沙量确定具体的产沙过程。该模型充分借鉴了国外已有理论模型的思路和结构，模型结构相对简单且充分考虑了黄土地区土壤侵蚀的垂直分带性规律，是目前国内较为理想的土壤侵蚀理论模型，然而，受模型结构限制，其在大流域上应用受到限制。祁伟等（2004）为反映下垫面因子空间分布不均和人类活动对流域侵蚀产沙的影响，在分布式小流域产汇流模型（曹文洪等，2003）的基础上建立了基于细沟及细沟间侵蚀的场次暴雨小流域侵蚀产沙分布式数学模型。该模型能够模拟出流域在不同水土保持措施（不同土地利用类型）下的径流和侵蚀产沙的时空过程，从而能够检测流域管理措施对径流泥沙过程产生的影响，进而为实现流域内水土保持措施和检测流域管理提供技术支撑和科学依据。刘家宏（2005）依托 DEM 数据及其存取系统以流域分级理论为依据，将全流域分为坡面、小流域、区域和全流域四级，在坡面上建立产流和产沙数学模型，在小流域河网、区域河网和全流域河网上分三级进行汇流演进。通过"坡面产流，逐级汇流"的组织方式，将四个层次的模型整合成一个完整的数字流域模型系统，从而建立了基于坡面产流、产沙模块的降雨-径流模型和侵蚀产沙模型。该模型以数字流域平台为基础，对研究流域的尺度具有很好的适应性，为流域水沙耦合模型的建立提供了重要的参考。薛海（2006）在刘家宏黄河数字流域平台的基础上，建立了包括坡面产沙和沟坡重力侵蚀子模块的产沙模型，对建立完善流域水沙过程机制的流域水沙耦合模型提供了重要的借鉴和指导作用。金鑫（2007）以霍顿下渗曲线和圣维南方程组为基础建立了逐网格计算的分布式产汇流模型，将侵蚀过程分为坡面降雨溅蚀、坡面径流侵蚀、沟道径流侵蚀和沟道重力侵蚀四个子过程，形成了较为完善的基于过程的流域水沙模型。

但是由于黄土区侵蚀过程复杂、侵蚀机理多变，国外许多较为成熟的模型对黄土高原地区"水土不服"（王宏等，2003；幸定武等，2009），而国内的模型或者水沙过程机理相对不完善，或者由于模型结构不合理而不适应我国对不同尺度流域的研究和应用需求。因此，需要从流域水沙过程机理和模型结构两方面深入研究，建立物理机制相对健全的、能够适应不同尺度流域研究和应用需求的分布式流域水沙耦合模型，以满足该地区流域水沙过程规律研究，以及小流域水土保持与生态治理、流域水土资源配置等科学和实践需求。

1.2.3　水沙过程尺度效应研究进展

流域水沙过程是紧密耦合的自然过程之一，其尺度问题的提出相伴而生。自20世纪90年代初国际上提出水文尺度问题以来，尺度问题已经得到广泛的关注。在第21～22届国际地球物理与大地测量（International Union of Geodesy and Geophysics，IUGG）大会上，国际水文协会（International Association of Hydrological Sciences，IAHS）特别提出注重水流和污染物负荷的尺度效应，出现了把尺度从点的物理机制扩散到面上的 VPC 模式和简单的水量平衡模式，并考虑把大尺度的水流输送融入全球气候模式（GCMs）中。国际地圈生物圈计划（international geosphere-biosphere program，IGBP）的核心项目"水文循环的生物圈方面"（BHAC 计划），也重点提出将试验小区尺度水文生态变化过程（植被–大气–水文过程）的模拟，分析推广到考虑陆面地貌和不均匀分布的空间尺度上并建立区域尺度陆面过程的参数化方案。

流域水沙过程是流域侵蚀产沙和泥沙随产汇流过程而输移的过程，其中，侵蚀过程包括坡面、沟坡、沟道和河道的侵蚀产沙，产汇流包括降雨、产流、汇流及水沙流的沟道和河道的输移运动等。同时受降雨、植被、土壤、地形、地貌及人类活动等众多因素的影响，因此，其尺度效应的研究涉及范围极为广泛。

降雨是水沙产生最重要的源驱动力。杨志峰和李春晖（2004）利用黄河兰州以上19个降水站点1959～1998年系列数据，采用 EOF 技术分析了黄河上游降水的时空结构特征与变化。Kandel 等（2005）利用澳大利亚和尼泊尔的小区试验数据通过随机分布方程（PDF）向下尺度化转换，应用建立的水沙模型作为转换结果的校验工具，尝试性实现了试验数据从小时尺度向分钟尺度转换。周祖昊等（2005，2006）选取 10mm 为强降雨临界值，通过分析实测短历时降雨资料，建立了日雨量–雨力关系模型，并分区率定了模型的参数，较好地分析了日强降雨资料的向下尺度化问题。

流域产汇流过程是流域水沙过程的基础。Williams 等（1995）对描述非饱和层水分运动的 Richards 方程采用随机分析等手段进行了相似性研究，把微单元体内建立的微分方程应用在不同时空尺度上。Hatton 等（1995）对 SVAT 模型提出了一个尺度转换的理论，但该理论用了很多理想的假设条件，其广泛应用受到一定限制。

植被变化与流域水沙过程构成一个反馈调节系统，由于植被自身的生长发育及受自然因素和人为干扰的作用，植被变化的响应机理十分复杂，具有多尺度性。张晓明（2007）将以农田为基质的农林复合景观作为研究对象，基于分形理论建立流域水沙运移与地貌形态耦合关系，在考虑降雨异质性基础上建立流域泥沙输移比的尺度转换模型，并综合降雨特性、土地利用/森林植被格局和地形地貌特征，建立不同尺度流域耦合水文模型，分析了其尺度转换的条件。张志强等（2006）、郑明国等（2007）从不同时空尺度分析了植被生长、演替和分布的时空尺度效应及其在不同尺度上对流域水沙过程的影响。游珍等（2005）研究表明，小尺度上植被的空间格局能够显著地影响流域产输沙过程。

地形、地貌对水沙的物质和能量过程具有决定性影响。朱永清（2006）依据其建立的流域地貌形态综合特征的三维分形信息维数模型软件确定了像元尺度、等高距与三维分形信息维数关系，实现了不同等高距的三维分形信息维数相互转换，从而提出了不同空间尺度下地貌形态分形特征的转换方法。

基于水沙过程尺度效应的复杂性，许多学者提出了解决流域水沙过程尺度问题的方法。目前，实现水沙过程尺度转换主要有经验、数学和物理方法。

经验方法主要指应用单个或多个影响因素与水沙过程的观测数据，在相关分析的基础上分析总结得出不同尺度之间的经验公式，进行尺度问题的解决，如刘纪根等（2004）通过不同尺度的径流模数与侵蚀模数分析，给出了以小尺度径流模数、侵蚀模数计算较大尺度径流模数、侵蚀模数的经验方程。刘卉芳等（2010）在晋西黄土区流域尺度对产流模式及洪水过程线变化的影响进行了研究。刘纪根等（2004）、刘纪根等（2005）、余新晓和秦永胜（2001）对流域产流量和侵蚀产沙量随尺度变化规律进行了研究。

数学方法主要指针对已有的水沙过程数据，应用不同的数学方法进行变化趋势拟合，从而把握研究流域的水沙过程。主要包括分形理论、小波分析、分布式水文模拟、混沌理论、统计自相似性分析等。不少研究者（王文圣等，2002；卢敏等，2005；张少文等，2005；李向阳等，2006；杨庆娥等，2007）分别采用小波分析、支持向量机、混沌理论、分形理论、神经网络等现代技术，从非物理机理方面研究了不同流域的径流等水文要素在时间序列上的变化规律。也有不少研究者（韩建刚和李占斌，2006；方海燕等，2007；闫云霞等，2007；马建华和李小改，2008）分别运用不同的数学方法对不同流域的侵蚀和泥沙过程的时间和空间尺度问题进行了探索。

物理方法主要指基于水沙过程中存在的物理机制，从其相关的上游影响因素对流域水沙过程的尺度效应进行研究，刘新仁（1999）在新安江模型的基础上，建立了多重尺度系列化水文模型，在淮河流域上对模型参数的地区化规律进行了研究，但由于水文变量时空分布的不均匀和水文过程转换的复杂性，该问题还没有完全解决。李铁键等（2009）以岔巴沟流域为研究对象，采用集成了坡面侵蚀、沟坡区重力侵蚀和沟道不平衡输沙3个子模型的黄河数字流域模型在较高分辨率的单元上模拟研究流域的暴雨-径流-产输沙响应，重现了水沙过程的尺度现象，结论认为，重力侵蚀和高含沙水流特性是引起黄土沟壑区泥沙过程尺度现象的最主要因素。由于该方法考虑了水沙过程的物理机制，利用该方法建立的水沙耦合模型具有解决尺度问题的天然优势。

综上所述，流域水沙过程的影响因子众多，与不同影响因子之间的尺度响应过程复杂，尺度效应的表现复杂。在当前观测技术和观测手段日益完善的今天，具有物理机制的分布式水沙耦合模型逐渐成为解决尺度问题的强有力工具。然而，由于流域水沙过程的复杂性，在进行物理机制的模拟过程中存在着过参数化及运算效率低等问题，基于水文相似基础上的经验分析是当前解决水沙过程尺度问题的必要补充。

1.3　研究中存在的问题

（1）坡面-流域水沙过程尺度问题认识还需要深入

在黄土高原地区，由于流域水沙运动存在的条件（如土壤、植被、地形地貌等）具有空间异质性，降水、蒸发等输入输出因素的分布具有不均匀性与分散性，以及产流产沙过程的非线性运动特性等多方面综合作用，流域水沙过程存在复杂的尺度效应。而目前的研究对水沙过程的研究，特别是坡面水沙过程多局限于单一尺度研究，需要在已有研究的基础上进行系统归纳和研究。

（2）坡面侵蚀过程机理研究不完善

泥沙的侵蚀产生与输移过程从机理上表现为水土界面的能量作用关系及水体内水流动力学特性与挟沙能力动态变化。然而，在黄土高原地区，受黄土地表结皮及土壤湿陷性作用的特殊水文特性、坡面地形复杂多变等影响，从面（片）蚀-细沟侵蚀-浅沟侵蚀-切沟侵蚀，以及重力侵蚀等过程中，水流的侵蚀与挟沙机理也有显著差异。而目前对雨滴溅蚀等的研究较为深入，但针对薄层水流侵蚀动力机理、黄土区陡坡条件下股流侵蚀挟沙特性，以及有效的坡面重力侵蚀过程机理的研究还有待深入。

（3）水沙耦合模型的发展需要引入更全面的水沙过程机制

由于分布式模型能够有效解决不同计算单元之间水沙过程的非线性叠加问

题，许多研究者认为，分布式模型将是解决流域水沙过程尺度问题的有效手段。但是由于黄土区水沙过程的机理复杂，在计算单元内部也存在不同水沙过程机理的变异引起的相同计算单元水沙过程变异的问题。目前的分布式水沙模型或者存在对流域水沙过程机理反映不完全，易导致模型对流域水沙过程的模拟存在难以修正的缺陷；或者受模型平台限制难以满足不同尺度上的研究和应用需求。因此，需要在全面把握流域水沙过程机理的基础上，构建尺度适应性较强的分布水沙耦合模型，以推进流域水沙过程研究，满足人们不断提升的流域生态治理及水土资源配置等实践需求。

1.4　研究内容与方法

1.4.1　研究内容

围绕目前黄土区流域水沙过程研究中存在的上述问题，本研究主要设置如下研究内容。

(1) 黄土区流域水沙过程的尺度效应机理分析

在总结前人研究成果的基础上，以典型侵蚀地貌空间尺度变化为出发点研究不同侵蚀地貌发生的地形与水动力学临界条件，分析黄土区坡面侵蚀过程中存在的尺度效应机理。同时，利用泾河流域不同控制面积的水文站资料分析河道水沙过程中径流泥沙的尺度变化规律。并以此为基础分析从坡面向流域的空间尺度变化过程中，水沙过程主要控制性因子变化的机理，为建立反映黄土区水沙过程规律的分布式水沙耦合模型奠定基础。

(2) 坡面水沙过程机理研究

利用室内小区人工模拟降雨与上游放水相结合的试验资料，分析和研究黄土区坡面股流侵蚀过程中的水流挟沙能力变化规律。同时在对重力侵蚀物理图景概化的基础上，结合野外试验对天然条件下黄土抗剪强度随含水量变化的研究完善坡面重力侵蚀研究，从而完善坡面侵蚀过程机理研究，为建立物理机制相对完备的坡面侵蚀过程模拟模型奠定基础。

(3) 黄土区典型地貌条件下不同空间分辨率 DEM 的地形参数转换

在模拟大流域过程中，利用分形理论结合半方差函数，将从低分辨率 DEM 提取的坡度区域构成转化为高分辨率 DEM 坡度构成，可以解决利用低分辨率 DEM 造成的计算单元坡度严重失真及利用高分辨率 DEM 模拟计算耗时过长的矛盾。

(4) 基于物理机制的分布式流域水沙模型研究

在坡面股流侵蚀和重力侵蚀机理研究的基础上，提出了黄土区典型坡面水沙过程模拟解决方案。将流域概化为坡面和河（沟）道两大地貌单元，在南小河沟流域和泾河流域上构建流域侵蚀输沙过程机理相对完备的分布式水沙耦合模型。并以南小河沟流域的野外观测小区和杨家沟、董庄沟流域的观测资料为基础，对模型进行参数率定和验证，并对模型在不同尺度流域的参数进行比较和分析，为模型的进一步应用奠定基础。

（5）小流域水沙时空过程模拟

利用构建的分布式水沙耦合模型，借助于 30m 分辨率 DEM，对南小河沟流域的杨家沟和董庄沟小流域不同空间位置的水沙过程进行模拟。模拟结果不仅可以深入流域水沙过程机理研究，也可以为小流域水土保持与生态治理措施科学配置提供理论支撑。

（6）人类活动对流域水沙过程影响的模拟分析

利用构建的分布式水沙耦合模型，通过情景设置对泾河流域人类活动影响下的流域水沙过程演变进行了模拟和分析。由于 WEP-L 模型具有完善的流域"自然–人工"二元结构模拟能力，为今后实现"真实"状态的流域水沙过程模拟研究奠定基础。

1.4.2　研究方法

为了深入探索黄土高原地区流域水沙过程变化规律，深入揭示流域水沙过程的尺度效应。本研究以水文学、水力学、土壤侵蚀学、泥沙运动力学等学科理论为基础，综合应用地理信息系统（geographic information system，GIS）、遥感（remote sensing，RS）、统计分析等技术手段，综合利用文献调研、资料分析、野外试验与调查、模拟验证及情景分析等多种研究方法对设定的研究内容进行研究。

其中，对流域水沙过程尺度效应机理分析主要应用文献调研和径流水沙资料分析的方法；对坡面水沙过程机理研究主要应用室内模拟试验资料进行深入分析及开展野外试验观测的方法。分布式水沙耦合模型的构建则主要是以 WEP-L 模型为平台，首先，综合利用文献调研和试验研究进行模型理论结构的搭建，采用 Fortran 语言进行模型的程序开发；其次，综合利用典型小流域的野外调查和野外试验数据、实地监测数据，研究区文献数据，以及国家重点基础研究项目（973）"黄河流域水资源演化规律与可再生性维持机理"第二课题"黄河流域水资源演变规律与二元演化模型"研究数据等对模型进行率定；再次，利用初步率定的模型在不同尺度流域上进行应用研究并分析其尺度效应；最后通过情景设置模拟和分析了人类活动对泾河流域水沙演变的影响。

第 2 章　黄土区坡面水沙过程研究

2.1　坡面侵蚀链理论

坡面水沙过程是流域水沙过程的基本单元过程，主要受降雨、地形、土壤、植被等自然条件及耕作等人类活动的影响。对黄土高原地区坡面侵蚀机理的研究的出发点主要为典型侵蚀地貌和侵蚀动力学机理两个方面。从侵蚀地貌和侵蚀形态角度出发一般将坡面水沙过程分为雨滴溅蚀、面（片）蚀和沟蚀。从水动力学角度分为雨滴溅蚀、薄层水流侵蚀和股流侵蚀，同时还伴随着不同尺度上重力侵蚀对侵蚀输沙过程的扰动。

2.2　雨滴溅蚀过程

雨滴溅蚀是水蚀的初始阶段，发生的机理主要是雨滴击溅对地表土壤颗粒的机械分离作用，其影响因素包括降雨特性、土壤性质、地形、地表覆被状况及产汇流过程等。汤立群（1995）研究表明，裸土地面的溅蚀限制性条件是地面水层厚度不能超过雨滴直径的 3 倍。因此，雨滴溅蚀主要发生在坡面产生径流之前和刚产生径流时，是水蚀的主要形式之一。

目前国内外对溅蚀的研究主要是在实验室模拟条件下完成的，其研究的最小空间尺度可以为 $10^{-4}m^2$。在较小的空间尺度上雨滴溅蚀主要受雨滴动能、土壤性质、坡度和地表覆被物的影响，随着空间尺度的增大，降雨空间分布对雨滴溅蚀的影响逐渐增强。在较大空间尺度上的侵蚀产沙主要以薄层水流侵蚀产沙的形式进行。在时间尺度上，较小的时间尺度内雨滴溅蚀主要发生在雨滴动能较大的降雨时段，且受地表产流深度的影响；而在黄土高原地区由于受降雨的季节特性的影响，雨滴溅蚀也存在季节性变化。总的来说，雨滴溅蚀在黄土高原水力侵蚀区发生的面积最广，发生时段主要集中在夏季暴雨期，其总的侵蚀量虽然很大，但对流域侵蚀产沙的贡献主要是通过薄层水流侵蚀过程实现的。

2.3 面（片）蚀过程试验研究

2.3.1 面（片）蚀过程临界条件

面（片）蚀分为层状侵蚀、鳞片状侵蚀等，主要发生在裸露或植被稀疏的地表。在面（片）蚀占主要地位的侵蚀区域，一般坡度较为平缓，依据其发生过程中的水动力学条件，可以归入薄层水流侵蚀的范畴。从表 2-1 可以看出，面（片）蚀主要发生在水流深度较小的土壤表面，这种侵蚀条件一般发生在降雨汇流初期或坡度较缓的地带，发生的水动力临界为 $Re \leqslant 1000$，E 为 3mm。

表 2-1 面蚀的侵蚀与输沙条件

研究者	研究材料与方法	侵蚀输沙条件
承继成（1963）	小区试验	溅蚀片蚀带位于坡面最上部，其下为细沟侵蚀带
陈永宗（1983）	小区试验	临界坡度为 28.5°，小于 28.5° 时侵蚀程度与坡度呈正相关，大于 28.5° 时则呈负相关
吴普特和周佩华（1993）	室内试验	薄层水流动力作用下，侵蚀量随地表坡度的递增而递增，两者呈幂函数关系
刘秉正和吴发启（1997）	小区试验	$M_s = AS^a L^b$。式中，M_s 为侵蚀模数；S 为坡度；L 为坡长；A、a、b 均为待定系数
赵晓光等（2000）	室内试验	$Re \leqslant 1000$，E 为 3mm，同时坡度为 5° 是一个关键点

2.3.2 坡面薄层水流滚波特性研究

（1）研究背景

坡面水流水动力学特性能得到全面、系统的研究结果对坡面水流土壤侵蚀及水沙过程等科学问题具有重要意义。目前的研究成果着重于坡面水流流态和阻力特性研究，但由于坡面水流本身的复杂性，采用传统水力学方法得到的研究成果也存在一定的争议。

关于坡面水流流态，就有专家学者提出了紊流和层流共存的混合状态（Horton，1945；Selby，1993）、"扰动流"（Emmett，1978）、过渡流（沙际德和蒋允静，1995）、"伪层流"（姚文艺，1996；陈国祥和姚文艺，1996；吴普特和周佩华，1996）等。以上概念虽是研究者基于不同的试验条件得到，但也可以发现其共同点，即均提出了与明渠水流不一样的坡面水流流态划分。经典雷诺数对坡面水流流态判别的适应性也被质疑，转而寻求坡面水流流动的本质特点（吴长文和王礼光，1995）；沙际德和蒋允静（1995）、敬向峰等（2007）均尝试采用绕流雷诺数对坡面水流流态进行了分析。张宽地等（2011a）提出将水流黏性底层厚度与平均水深之比作为判数。白玉洁等（2018）提出黄土急陡坡坡面薄层径流属于层流区。

关于坡面水流阻力，其影响因素主要包括水流雷诺数 Re、降雨特征和下垫面等。在相近的坡度范围内模拟细沟水流条件时，阻力系数却可能均差很大。姚文艺和张宽地等（姚文艺，1996；张宽地等，2014）均发现坡面水流不论处于层流区还是紊流区，f 值的大小均与床面糙度 k_s 和坡度 J 有关。Yong 和 Wenzel（1971）、Shen 和 Li（1973）和 Emmett（1978）的研究成果表明，在雷诺数较小的范围内，坡面水流阻力系数与明渠层流阻力系数表现相同的变化趋势。吴普特和周佩华（1992）却提出在坡度较大时，雨滴降落时在水流顺流方向会有一定动量输入，会减小阻力。

关于坡面水流表面失稳产生的特殊水流现象——滚波，对其波动类型也还存在争论。在 Dressler（1949）研究中所刻画的周期性的、波形与波速保持不变的滚波，其本质上是运动波；而在 Brock（1969）试验工程中出现的非周期性的、波形及波速不断变化的滚波，则是动力波。当坡面水流的水层薄到一定程度时，底床阻力和表面张力对水流的影响增大，底床阻力成为触发滚波产生的必要条件（Thomas，1940）。它在均匀层流和均匀紊流失稳后均可形成，从而造成局部水流的水深和流速增大，水体携带能量增强，对坡面土壤的侵蚀速率也随之加快（张宽地等，2011b；张宽地等，2014；Zhao et al.，2015）。对滚波的研究大多采用理论分析与试验结合的方法（Balmforth and Mandre，2004；Liu，2005）。少数学者研究会涉及数值模拟和模型试验，如 Chang 等（2000）、Zanuttigh 和 Lamberti（2002）用不同的运动方程模拟了滚波的演化；李侃禹等（2012）运用一维水沙耦合数学模型，对滚波形态的影响因素进行了研究；潘成忠和上官周平（2009）通过降雨试验表明，滚波数随坡度的增大而增加；张宽地等（2011b）通过人工加糙床面滚波流试验，分析得到层流失稳区临界弗劳德数在0.50左右。

综上所述，由于坡面薄层水流的水流特性的复杂性和多样性，研究者进行了多方面的探讨研究，但是对坡面失稳条件下的水动力学特性及演变规律缺乏研究，也就无法进一步探讨滚波对坡面水沙过程的影响。坡面水流失稳产生滚波后，水流紊乱状态加剧，对床面土壤的侵蚀速率也会加强，研究坡面失稳及滚波演化特征可为坡面含沙水流波流耦合特性及坡面侵蚀动力学机制提供理论基础。

（2）材料及试验

采用室内人工模拟水槽试验进行研究，试验装置主要由试验水槽、蓄水池、变频泵、电磁流量计和出水池构成，其中，试验水槽采用矩形结构设计，尺寸为 11m×0.5m×0.5m。水槽槽底粘贴 180 目水砂布，床面糙度 k_s 为 0.09mm。试验底坡设置为 5°、10°、15°、20°、25°，即 S 为 0.0874、0.1763、0.2679、0.3639、0.4663，设计单宽流量综合考虑发生侵蚀性降雨的降雨强度和滚波可能产生的流量范围，设定为 0.167L/（s·m）、0.209L/（s·m）、0.250L/（s·m）、0.292L/（s·m）、0.333L/（s·m）、0.375L/（s·m）、0.417L/（s·m）、0.500L/（s·m）、0.583L/（s·m）、0.667L/（s·m）、0.833L/（s·m）、1.00L/（s·m）、1.167L/（s·m）、1.333L/（s·m）、1.500L/（s·m）、1.667L/（s·m）、1.833L/（s·m）、2.000L/（s·m）、2.333L/（s·m）、2.667L/（s·m）和 3.000L/（s·m）共 21 种。采用超声波水位计测量系统对滚波进行测量，每个观测断面设置一前一后两个传感器，间距为 5cm。每次试验进行一次槽底基准测量和一次水面测量，测量持续时间为 30s，水深数据采集 2000 次，平均间隔时间为 15ms。滚波波高 h 为波峰水深和波谷水深的差值，mm；滚波波速 v 由传感器间距和滚波经过两个传感器断面的时间差求得，m/s；滚波频率 f 由单位时间内通过观测断面滚波的个数确定，Hz。图 2-1 为试验条件下无滚波和有滚波的薄层水流状态。

(a)无滚波   (b)有滚波

图 2-1　试验现象

（3）研究成果

试验主要对坡面水流滚波临界条件、坡面水流水力关系、滚波沿程演变及滚波演变影响因素四个方面进行了分析，并得到如下结论。

1）单凭雷诺数判数无法对坡面薄层水流流态做出判定，还应考虑下垫面的影响。本次试验条件下，滚波消退和产生的临界流量值均随着坡度的增大而减小，滚波消退时雷诺数范围为 509~602，弗劳德数范围为 3.29~7.39，紊流失稳时雷诺数范围为 778~961，弗劳德数范围为 3.57~8.47。

2）坡面薄层水流滚波以动力波为主，水流流型处于急变流状态。分流区拟合的流速、单宽流量和能坡的模型关系存在差异，总体拟合模型关系中单宽流量幂指数为 0.536，水流流态以紊流为主。

3）滚波存在沿程演变特征，坡度和单宽流量一定的条件下，随着坡长的增大，波速变化不大，频率逐渐减小，滚波发生沿程聚合，滚波波长和波高均随之逐渐增大。

4）随着单宽流量的增大，波速和频率均随之增大，波长存在较小幅度波动，波高呈现先增大后减小的趋势，在流量为 0.33 L/(s·m) 附近达到极大值；随着坡度的增大，滚波波速和频率均随之增大，波长变化不大，波高呈现先增大后减小的趋势，在 10°~15° 达到极大值。

2.4 沟蚀过程试验研究

2.4.1 细沟侵蚀过程临界条件

沟蚀分为细沟侵蚀、浅沟侵蚀、切沟侵蚀等类型。其中，细沟侵蚀的出现标志着沟蚀的开始，由于细沟的分布面积广泛，目前的研究认为细沟侵蚀也是薄层水流侵蚀的一种类型，而浅沟侵蚀和切沟侵蚀则属于股流侵蚀。

许多学者通过室内外试验及野外调查等方式，对细沟侵蚀进行了较为全面的研究。细沟在黄土高原地区分布广泛，是黄土高原地区分布最为广泛的沟蚀类型，其分布密度可以达到 $10m/m^2$，且其产生尺度较小，其宽度不超过 0.1m，深度不超过 1m，长数米至数十米，横剖面呈 "V" 形或箱形（刘秉正等，1997）从表 2-2 可以看出，由于不同研究者的具体研究对象、试验条件存在差异，得出的研究结论不尽相同。但综合这些研究可以得出，细沟水流是在坡面初步汇流的基础上形成的，水流对土壤颗粒的临界剪切条件是细沟侵蚀出现和发展的关键因素，其发生需要一定的临界坡长条件使水流汇集及增大侵蚀动能。发生的临界水动力条件随研究者选取的参数不同而有不同的表示，综合雷阿林和唐克丽（1998）及王文龙等（2003b）的研究可选取为 $Re \geq 1500$，$E \geq 1.4$ cm。

表 2-2 细沟侵蚀与输沙条件

研究者	研究材料与方法	侵蚀输沙条件
郑粉莉等（1989）	暴雨调查资料	$L_R = aJ^2 + bJ + c$ 式中，L_R 为临界坡长；J 为坡度；a、b、c 为常数
WEPP 模型，1991 年	野外试验	$D_c = K_c(\tau_f - \tau_c)$；$T_c = K_t\tau_f^{\frac{2}{3}}$ 式中，D_c、T_c 为水流剥蚀能力和输沙能力；τ_f 为水流剪切应力；τ_c 为临界剪切应力；K_c、K_t 为常数

续表

研究者	研究材料与方法	侵蚀输沙条件
雷阿林和唐克丽（1998）	室内试验	$Re \geqslant 1486$，$Fr \geqslant 6.519$，$E \geqslant 1.387$ cm
张科利（1998）	室内径流冲刷试验	$Fr > 1$，$Qc = 0.8574$（$\sin\Theta$）$^{-7/6}$ 式中，Qc 为临界流量；Θ 为临界坡度
蔡强国（1998）	野外小区模拟降雨试验	$A_r = -16.16 + 2.84K_r$ 式中，A_r 为临界坡度；K_r 为临界土壤抗剪力
张科利和唐克丽（2000）	室内径流冲刷试验	临界剪切应力 $\tau_c = 6.78$Pa
丁文峰等（2001）	室内径流冲刷试验	径流能耗 $\Delta E > 7.38$J
邵学军等（2004）	数值模拟计算	$\Theta = 15°$ 是一个发生细沟侵蚀的特征坡度
杨具瑞等（2004）	理论推导与试验资料验证	$\partial\left(\dfrac{q^{0.25} J^{0.026}}{0.68 V_c}\right) / \partial\beta = 0$ 式中，q 为单宽流量；J 为细沟比降；V_c 为粒径为 D 的坡面细沟泥沙起动流速；β 为坡面坡度
李鹏等（2005）	室内土槽放水冲刷试验	临界剪切力为 $1.701\text{N}/(\text{m}^2 \cdot \text{min})$，临界水深为 $0.174 \times 10^{-3}/\sin\Theta$
王文龙等（2007）	室内降雨+放水试验	$Re \geqslant 1500$，$E \geqslant 1.4$ cm

2.4.2 浅沟侵蚀过程临界条件

浅沟是农耕坡地上永久性水力侵蚀形态，是细沟侵蚀到切沟侵蚀的中间过渡侵蚀类型，在坡沟系统中起着承上启下的特殊作用。坡地上发育了浅沟后，坡面水流的总流程增加，而汇入浅沟沟床的距离却比单股细沟流汇入沟谷地的距离缩短。大量水体汇入浅沟沟床以后，水量增大，流速增快，使坡地的产流时间较无浅沟坡地缩短，径流汇集加速，径流的侵蚀和挟沙能力增大，总体表现为侵蚀速率变大。从表 2-3 可以看出，浅沟侵蚀较细沟侵蚀的地貌空间尺度更大：其临界坡长在 40~80m，发生的临界坡度为 15°，发生的临界水动力条件为 $Re \geqslant 7000$，$E \geqslant 4.8$ cm。

表 2-3 浅沟的侵蚀与输沙条件

研究者	研究方法	侵蚀输沙条件
张科利等（1991）	航片分析及野外调查	临界坡度约为 18°，临界坡长为 40m 左右，临界汇水面积约 650m²，坡度为 26° 左右时最利于浅沟侵蚀的发生

续表

研究者	研究方法	侵蚀输沙条件
江中善等（1996）	径流小区观测资料研究	坡度大于15°
姜永清等（1999）	航空影像；周屯沟小流域	分布密度为7.2 条/100m；横断面平均长度为64.7m；平均坡度为23°
王文龙等（2003b）	室内降雨+放水试验	流量是细沟出现时的 5~6 倍，流速与水力半径是细沟水流的 2~3 倍，Re 是细沟的 5 倍左右，Fr 是细沟的 1~2 倍，阻力系数基本相同
王文龙等（2007）	室内降雨+放水试验	$Re \geqslant 7000$，$E \geqslant 4.8$ cm
龚家国等（2009）	野外放水冲刷试验	在坡度18°左右时，挟沙水流的流速最小，阻力最大；浅沟水流在坡度26°左右时流速达到最大，水流功率达到最大
李斌兵等（2008）	GPS① 野外调查，纸坊沟小流域	主要发生在15°~35°坡地上；$$SA^{0.1045} > 0.5227$$ 式中，A 为上游汇水面积，m^2；S 为坡度，m/m
秦伟等（2010）	Quick Bird 遥感影像和5m 分辨率 DEM	浅沟侵蚀的上限与下限临界坡度分别介于26°~27°和15°~20°，临界坡长介于 50~80 m；$$\sin(S) = 0.076A^{0.303}$$ 式中，S 为坡度；A 为汇水面积
Gong 等（2011）	模拟试验	$$T_s = k(\omega_u - \omega_{uc})$$ 式中，T_s 为水流挟沙能力；ω_u 为单位径流功率；k 为浅沟挟沙能力系数；ω_{uc} 为最小输沙功率

2.4.3 浅沟侵蚀速率受侵蚀影响因素影响研究

(1) 研究背景

浅沟侵蚀在黄土高原丘陵沟壑区普遍存在，一般发生在距分水岭 20~60m 至切沟侵蚀带之间的坡面上，是细沟到切沟侵蚀的中间过渡侵蚀类型（朱显谟，1956；甘枝茂，1980；姜永清等，1999；王文龙等，2003a），既是上游水沙输移的重要通道，又是主要的侵蚀产沙区。其分布面积可占到沟间地的70%左右，侵蚀量占坡面侵蚀量的 35~70%（王文龙等，2003a；张科利，1991a）。同时浅沟使坡地的侵蚀面积增大，浅沟集水区变大，水流侵蚀动能剧增，是切沟侵蚀和沟头前进的动力源泉（张科利，1991b；张科利，1998）。

---

① 全球定位系统（global positioning system，GPS）。

因此，黄土高原地形的破碎始于浅沟侵蚀，其对土地利用、土地生产力、生态环境等产生严重的不利影响。侵蚀造成地面破碎的同时，土壤中的养分也在不断流失，土地也随即不断贫瘠化（张科利和唐克丽，1992；郑粉莉和张成娥，2002；Zheng et al.，2005）。

张科利等（1991）、张科利和唐克丽（1992）通过野外调查对黄土高原丘陵区坡面浅沟的分布、临界坡长、上游汇水面积、分布密度等侵蚀发育特征进行了研究。得出浅沟断面形态变化的回归拟合方程，并从浅沟发育历史得出推算坡面浅沟年均侵蚀量的计算式。唐克丽等（2000）以考察资料结合定位观测与模拟降雨试验，对黄土丘陵区退耕上限坡度进行了论证。武敏等（2004）通过室内试验定量研究了不同含沙水流、不同降雨条件下坡面汇水汇沙对浅沟侵蚀过程的影响。

目前对对浅沟侵蚀影响因素的研究主要集中在野外调查和定性研究方面，尚缺乏不同影响因素相互剥离条件下的定量研究。由于浅沟侵蚀的末端与沟沿线相交，野外实地观测试验不但困难而且危险。此次试验以黄土高原丘陵沟壑区的浅沟为主要研究对象，采用室内模拟降雨与放水冲刷试验相结合的研究方法，通过试验设计分离出不同侵蚀影响因素对浅沟侵蚀速率的影响。

（2）材料及试验

影响浅沟侵蚀的因素有许多，包括雨型、降雨强度、下垫面覆被状况、土壤类型、坡度、坡形、坡长及田间管理措施等。本研究用典型的黄土丘陵沟壑区——安塞黄绵土作为侵蚀对象，重点模拟研究降雨强度、坡度、坡长、汇水面积、耕作等对浅沟侵蚀速率的影响。

土壤性质对浅沟的形成和发育具有重要影响。研究所用的土壤取自位于黄土高原丘陵沟壑区安塞县的黄绵土。土壤颗粒组成见表2-4。

表2-4 试验用土壤颗粒组成

粒径（mm）	<0.001	0.001～0.005	0.005～0.01	0.01～0.05	0.05～0.25	0.25～1
比例（%）	3.556	10.471	7.932	48.627	28.340	1.074

具体试验时不考虑坡向和坡形的影响。在相同条件下，耕作处理试验与非耕作处理试验交替进行，耕作模拟采用锄头（长约20cm）进行水平翻松。上游汇水面积形状假定为与浅沟等宽的长方形，其影响采用溢流箱放水进行模拟，放水流量按照沟间距与试验槽的比例进行缩放。坡长受试验装置限制为8m。具体试验设计参数见表2-5。本试验中不考虑作物因素。

表 2-5 浅沟侵蚀模拟试验参数

降雨强度（mm/h）	坡度（°）	浅沟间距（m）	汇水面积（m²）	放水流量*（L/min）
60	15	25.66	500	7.53
			800	12.05
	20	19.94	500	9.43
			800	15.08
	25	15.46	500	11.72
			800	18.76
90	15	25.66	500	11.29
			800	18.07
	20	19.94	500	14.14
			800	22.62
	25	15.46	500	17.59
			800	28.14
120	15	25.66	500	15.06
			800	24.09
	20	19.94	500	18.85
			800	30.16
	25	15.46	500	23.45
			800	37.52

* 放水流量 =（模拟宽度/实际沟间距）×降雨强度×汇水面积×cos（坡度）×产流系数，其中，产流系数取 0.4。下同（杨春霞等，2003；夏军等，2007）

试验在中国科学院、水利部水土保持研究所黄土高原土壤侵蚀与旱地农业国家重点实验室的人工降雨大厅进行，该大厅有完备的模拟降雨设备。另一主要试验设备为液压式可变坡度试验土槽（图 2-2），尺寸为 8m×2m×0.6m。具体试验时将土槽在长度方向上从中间隔开，即每个试验小区试验尺寸可分为两个 8m×1m×0.6m 的试验槽，以利于进行对照试验。

试验中分别在距顶端 2m、4m 和 6m 处设置观测断面，需要测量的数据有水温，浅沟水流的流速、流量、水深、水面宽，含沙量，以及浅沟的沟深和沟宽。数据采集对应时刻分别为 1min、3min、6min、9min、12min、15min、18min、21min、24min、27min、30min。其中，水温的观测由煤油温度计直接在上游供水槽测量；流速用染料示踪法观测断面附近 50cm 流程上的平均流速，因水流紊动强烈，染色剂与水流混合充分，因此，直接采用观测值进行分析；流量采用体积法在试验槽下端出口测量；含沙量采用取样烘干法测量；水深、水面宽、沟宽及

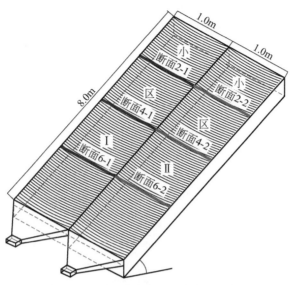

图 2-2　主要试验设备及试验布设示意图

沟深用三向垂直支架测量,其中,沟宽通过测量沟边距试验槽壁的距离计算其差值得到,沟深通过测量两侧沟沿及沟底距水准高程的距离,然后计算其差值求平均得到。试验以沟口开始出流时刻为产流零点,开始监测沟断面形态、水面形态及流量、含沙量数据。

(3) 研究成果

通过模拟试验对黄土丘陵沟壑区浅沟侵蚀的主要影响因素进行了研究,研究表明,浅沟侵蚀发生的速率与坡度、降雨强度和汇水面积均呈正相关关系,但耕作对这种趋势的影响最大,其次是降雨强度的影响。耕作通过改变土壤表层结构,改变了降雨强度、坡度和上游汇水面积与侵蚀速率的响应关系。

未耕作处理时,在 60mm/h 和 90mm/h 降雨强度条件下侵蚀速率在坡度增大的过程中表现出递增趋势,而在 120mm/h 降雨强度条件下出现了侵蚀速率随坡度的增大先减小后增大的趋势。耕作处理时,侵蚀速率随坡度的变化趋势则与未耕作处理时相反。

未耕作处理条件下,侵蚀速率与坡度、降雨强度和汇水面积均呈正相关关系,即侵蚀速率随着坡度、降雨强度和汇水面积的增大而增大;而在耕作处理条件下,侵蚀速率与坡度、降雨强度及汇水面积的相关关系出现很大变异,特别是坡度为 15° 条件下的侵蚀速率随降雨强度的变化不明显,在 20° 和 25° 条件下,随降雨强度的增大侵蚀速率呈加速增大的趋势。

从小坡度小汇水面积向大坡度大汇水面积变化时侵蚀速率表现为加速增大的

趋势。且小坡度坡面上，耕作显著减少由降雨强度引起的侵蚀变化，但在大坡度和大降雨强度条件下，耕作对由降雨强度引起的侵蚀变化有加强作用。

2.4.4 浅沟侵蚀沟槽发育及其水流水力学特性研究

(1) 研究背景

在黄土高原丘陵沟壑区，60%以上的泥沙来源于坡面水力侵蚀。国外的浅沟侵蚀研究由于不同的土壤、地貌等自然条件等限制，其研究结论对黄土区浅沟侵蚀研究没有直接的借鉴意义（Valcárcel et al.，2003；Capra et al.，2005）。国内外对溅蚀、片蚀及细沟侵蚀研究较多，而浅沟侵蚀的研究起步较晚。刘宝元等（1988）对浅沟侵蚀进行了最初的定义和研究；张科利（1991b）通过调查和少量的野外定位试验进行了浅沟侵蚀影响因素分析研究；武敏（2005）、郑粉莉等（2006）通过室内模拟试验研究了浅沟发育不同阶段沟头溯源侵蚀、沟壁扩张和沟槽下切变化规律；龚家国等（2008）通过野外放水冲刷试验，研究了浅沟水流水动力学基本特性。因此，在降雨、地形、人类活动等影响条件下的浅沟侵蚀试验研究还比较欠缺，而黄土高原地区的侵蚀性降雨每年在6~8次，野外试地试验研究的难度较大，此次试验通过室内模拟试验对坡面浅沟侵蚀形态及其侵蚀水流的水动力学特性进行研究。

(2) 材料及试验

试验于2007年5~12月在中国科学院、水利部水土保持研究所黄土高原土壤侵蚀与旱地农业国家重点实验室的人工模拟降雨大厅完成。主要试验设备为液压式可变坡度试验槽，尺寸为8m×2m×0.6 m。试验时将土槽在顺坡方向上从中间隔开，即每个试验小区为8m×1m×0.6 m的试验槽，以利于进行对照试验。

试验土壤为黄土高原丘陵沟壑区安塞县的黄绵土。试验前先过1 cm筛，然后在试验槽内每10 cm一层分5层填土，表面2层（耕作层）土壤容重控制在1.1 g/cm³，下部3层容重控制在1.25 g/cm³。为了保证降雨前土壤条件的一致性，在填完土后，采用15 mm/h降雨强度降雨至坡面产流，然后放置24h，再开始设计条件下的降雨试验。试验用土壤的粒径组成为小于0.001 mm的占3.56%，0.001~0.005 mm的占10.47%，0.005~0.01 mm的占7.93%，0.01~0.05 mm的占48.63%，0.05~0.25 mm的占28.34%，0.25~1 mm的占1.07%。

浅沟指黄土高原地区特有的瓦背状地貌上经暴雨径流冲刷形成槽型地后，在其底部所形成的侵蚀沟槽。其主要发生在15°以上的坡耕地上，不影响耕作，但可以发展演化成切沟。由于径流集中冲刷坡面，在径流冲刷—耕作—再冲刷—再耕作的反复作用下而形成了顺坡方向的瓦背状起伏地形，在其沟槽两侧的沟间地上主要发生面蚀和细沟侵蚀。浅沟是径流集中冲刷与农作耕垦共同作用的结果。因此，浅沟侵蚀影响因素包括坡度、坡长、坡向、坡形、沟槽间距、上游汇水面积、降雨强度，以及耕作等。具体试验时不考虑坡向和坡形的影响。其中，上游汇水面积采用溢流箱放水进行模拟，坡长受试验装置限制为 8m。具体试验设计参数见表 2-5。

试验设计三个观测断面，位于顺坡方向的 2m、4m、6m 处，采集的数据包括三个观测断面上的水流流速、水面宽度、水深、沟槽宽度、沟槽底深，以及试验小区出口的流量和水温。数据采集对应时刻分别为 1min、3min、6min、9min、12min、15min、18min、21min、24min、27min、30 min。

（3）研究成果

通过对浅沟侵蚀影响因素的模拟，在人工降雨条件下对浅沟侵蚀的断面形态和侵蚀水流的基本水力学特性的研究得出如下结论。

1）浅沟沟槽侵蚀发育过程受降雨强度、坡度、汇水面积及耕作等因素的影响。其中，表征浅沟断面形态的参数宽深比的变化规律与是否进行耕作处理关系密切。在浅沟侵蚀初期侵蚀沟槽宽深比均较大，且未耕作处理的侵蚀沟槽宽深比明显大于耕作处理的宽深比，但随着侵蚀的发展，宽深比逐渐减小，并且稳定在 1 左右。形态发育规律表现为耕作处理条件下浅沟的发育为边下切边崩塌，而未耕作处理条件下浅沟的发育表现为先下切后崩塌。

2）浅沟水流属于紊流，其雷诺数随着坡度和降雨强度的增大而增大。耕作和汇水面积的增大造成雷诺数的波动范围变大。

3）浅沟水流在急流和缓流之间不断转换。相同条件下，耕作使得浅沟水流的弗劳德数 Fr 值较小，但它与汇水面积、降雨强度、坡度及耕作等因素的相互作用关系比较复杂，需要进一步研究。

在野外观测难度较大的条件下，通过模拟试验首次发现浅沟侵蚀形态发育过程中宽深比的变化规律及其水流流态特性。但浅沟侵蚀的影响因素较多，其形态发育特征和侵蚀水流的水动力学特性较为复杂，本书只是做了一些有益的探索，还需要做大量深入细致的工作，特别是在天然降雨条件下的野外长期定位观测试验研究。

2.4.5 股流侵蚀挟沙能力研究

（1）研究背景

目前的研究认为，浅沟侵蚀和切沟侵蚀则属于股流侵蚀，股流挟沙能力指水流能量全部用于泥沙输移时的水流最大挟沙能力。此次试验主要对浅沟水流含沙量与水动力学参数相关性进行了分析。

（2）材料及试验

试验在中国科学院、水利部水土保持研究所黄土高原土壤侵蚀与旱地农业国家重点实验室人工模拟降雨大厅进行。主要利用侧喷式降雨区和 8m×2m×0.6m 可变坡度试验钢槽，结合室内模拟降雨与上游放水的试验方法进行研究。由于黄土高原地区全年侵蚀过程集中在夏季的几次降雨过程中，其降雨过程与侵蚀过程紧密联系，股流侵蚀过程中同时伴随着侧向汇流等过程。人工模拟降雨与上游放水冲刷试验很好地复原了这一过程。

试验土壤为黄土高原丘陵沟壑区安塞县的黄绵土。试验前先将土壤过 1cm 筛。填土前先在试验槽底部铺 10cm 厚的细沙，然后在试验槽内每 10cm 一层分 5 层填土，表面 2 层（耕作层）土壤容重控制在 1.1g/cm³，下部 3 层土壤容重控制在 1.25g/cm³。具体试验设计参数见表 2-6。其中，上游汇水面积采用溢流箱放水进行模拟，坡长受试验装置限制为 8m。

表 2-6 浅沟侵蚀模拟试验参数

坡度（°）	浅沟间距（m）	汇水面积（m²）	降雨强度（mm/min）	放水流量（L/min）
15	25.66	500	1	7.53
			1.5	11.29
			2	15.06
20	19.94	500	1	9.43
			1.5	14.14
			2	18.85
25	15.46	500	1	11.72
			1.5	17.59
			2	23.45

试验设计三个观测断面，位于顺坡方向的 2m、4m、6m 处，采集的数据包括三个观测断面上的水流流速、水面宽度、水深、沟槽宽度、沟槽底深，以及试验小区出口的流量和水温。数据采集对应时刻分别为 1min、3min、6min、9min、12min、15min、18min、21min、24min、27min、30min。

试验取得的浅沟水流基础数据包括水温（T，℃）、流速（v，m/s）、流量（Q，m³/s）、含沙量（S，kg/m³）、水流深（d，m）、水面宽（w，m）等。对浅沟水流的雷诺数 Re、弗劳德数 Fr、流速、剪切力（τ，N/m²）、水流功率（ω，

kg/s^3）和单位水流功率（ω_u，m/s）等水动力学特征参数与水流的含沙量关系进行研究。

（3）研究成果

研究发现，浅沟水流含沙量与水流雷诺数 Re、弗劳德数 Fr 之间没有明显的相关性，而与流速、剪切力和水流功率之间均存在显著的相关性，但相关系数较小，与单位水流功率之间存在着显著的相关关系。说明在黄土区股流侵蚀过程中，单位水流功率与浅沟水流含沙量的关系较好（表2-7，图2-3）。

表 2-7　浅沟水流含沙量与水动力学参数相关性分析

项目		Re	Fr	流速 （m/s）	剪切力 （N/m²）	单位水流 功率（m/s）	水流功率 （kg/s³）
含沙量 （kg/m³）	Person 相关系数	0.135	0.098	0.249*	0.270**	0.636**	0.332**
	显著性（双侧）	0.183	0.333	0.013	0.007	0.000	0.006
	样本数	99	99	99	99	99	99

＊＊在 0.01 水平（双侧）上显著相关；＊在 0.05 水平（双侧）上显著相关

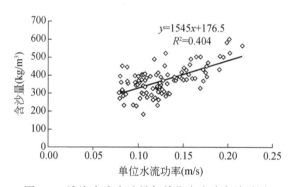

图 2-3　浅沟水流含沙量与单位水流功率关系图

水流含沙量随单位水流功率变化关系如图 2-3 所示，其拟合公式形式可以表示为

$$S = 1545(\omega_u + 0.1142) \qquad r = 0.64，n = 99 \qquad (2-1)$$

由式（2-1）可知，当单位水流功率为 0 时，浅沟水流仍存在输沙过程的"超饱和"状态。出现这种现象的主要原因是浅沟特有的"瓦背状"地形的汇水汇沙作用：一方面瓦背状地形使浅沟区域内水流迅速向沟槽汇集，同时浅沟侵蚀沟槽规模相对较大，侧向汇流的含沙水流落差较大，动能较强。这种汇入条件使得浅沟水流在侧向汇流的"搅动"作用下水流挟沙能力大大增强，从而造成侵蚀水流的挟沙能力处于"超饱和"状态。而对切沟侵蚀这种作用将大为减少。

股流挟沙能力指水流能量全部用于泥沙输移时的水流最大挟沙能力。在本研究中所用的试验土壤均是野外取土后经过筛分除去石砾的松散土壤，土壤的抗蚀能力较自然土壤明显下降，由于黄土的易蚀性，水流的侵蚀耗能很少。因此，试验水流含沙量可以近似看作股流挟沙能力。由式（2-1）概化出股流挟沙能力 T_{SE} 计算公式为

$$T_{SE} = k_5 \left(\omega_u + m \right)^{\alpha_5} \tag{2-2}$$

式中，k_5 为浅沟水流挟沙能力系数；m 为侧向汇流影响常数；α_5 为挟沙水流单位水流功率指数。

2.5 坡面重力侵蚀发生的力学机制初探

（1）研究背景

重力侵蚀是黄土区重要的侵蚀类型之一，其类型主要有滑坡、崩塌、滑塌、泻溜等，重力侵蚀发生的空间跨度较大，既有伴随着细沟侵蚀、浅沟侵蚀、切沟侵蚀等过程进行的较小尺度的侵蚀现象，也包括山体崩塌、滑坡等大尺度的重力侵蚀现象（刘秉正和吴发启，1997）。坡面小尺度重力侵蚀是侵蚀沟及沟坡发育的重要形式，极大地影响着侵蚀进程，对侵蚀量、侵蚀水动力学过程具有重要影响（韩鹏等，2002；陈力等，2005），其发生机制是开展坡面侵蚀模拟的重要基础。目前的研究多集中于较大尺度的重力侵蚀及其对地表形态演变影响的研究（王军等，1999），王德甫等（1993）调查发现，在黄土区不同重力侵蚀形式发生的时间与降雨产流的时间存在差异。在较小尺度中的重力侵蚀研究仅局限于侵蚀沟形态发育的研究。郑粉莉等（2006）研究认为，浅沟发育的不同阶段对应不同的侵蚀过程，但结论以定量表述为主。韩鹏等（2003）通过室内降雨模拟细沟发育过程，研究表明，重力侵蚀是影响坡面产沙的重要因素，并提出了重力侵蚀产沙量及重力侵蚀量达到总侵蚀量50%时对应的"中值时间"，向定量描述重力侵蚀迈进了一步。以上研究对小尺度重力侵蚀的研究探索非常重要，然而，用于小尺度重力侵蚀机制的研究尚需深入。

（2）试验设计

根据已有研究（王光谦等，2005），土壤的临界抗剪强度变化是进行重力侵蚀模拟的重要影响因素，为此通过野外试验对黄土区土壤抗剪强度变化规律进行了试验研究。地表产汇流条件下黄土抗剪强度变化受土壤类型、土壤植被情况、土壤根系情况及土壤含水量、容重等多种因素的影响，为此，在甘肃的南小河沟流域开展了黄土抗剪强度影响因素及其变化规律的试验研究。试验兼顾塬面、坡面及沟底等不同地貌单元和典型土地利用类型条件，共进行了 13 个位置的分层

土壤剪切力试验。具体情况见表 2-8。分别测定 0～10cm、10～20cm、20～30cm、30～40cm、40～50cm、50～60cm、60～70cm 深度处每个点的土壤抗剪强度、土壤含水量、土壤容重和土壤根系鲜重数据，同时进行表层 0～10cm 土壤的机械组成测定。每层土壤采样三组。试验采用的土壤剪切力仪为美国 Durham Geo-Enterprises 公司生产的 S-160 型便携式土壤剪切力仪（十字板剪切仪的一种）。土壤含水量采用烘干法测量，土壤容重采用环刀法测量，土壤根系采用环刀法取样测量鲜重，机械组成测定采用黄土高原土壤侵蚀与旱地农业国家重点试验室的 Masterixer 000 激光粒度仪测定。

表 2-8　试验采样地点情况

采样点编号	土壤类型	坡位	坡向	土地利用类型	其他情况
1	黑垆土	塬上	平地	耕地	雨后
2	黑垆土	坡头	西北	灌木	雨后、中部
3	黑垆土	坡头	北	林地	雨后
4	黑垆土	坡头	南	林地	—
5	黑垆土	边坡	西	草地	—
6	黑垆土	坡中	—	牧场草地	—
7	黑垆土	坡底	西	草地	—
8	黑垆土	坡底	西	草地	—
9	黑垆土	沟底	—	林地	—
10	黑垆土	梯田边坡	南	林地	—
11	黑垆土	沟底	—	林地	刺槐林
12	黑垆土	坡底	东北	灌木	—
13	黑垆土	塬面	无	草地	撂荒地

（3）结果与分析

从重力侵蚀发生的力学机制入手，采用野外试验分析了坡面小尺度重力侵蚀发生的主要影响因素，初步建立了重力侵蚀判别的临界土壤抗剪强度计算公式。

1）土壤抗剪强度与单位土壤根系长度、单位土壤根系鲜重没有明显的相关关系，与土壤含水量呈显著的反比关系，而与土壤容重呈显著的正比关系。

2）由于坡面侵蚀过程中重力侵蚀发生的尺度相对较小，影响因素相对单一，采用土体的下滑剪切力与土体的抗剪强度大小作为判定条件，土壤的临界抗剪强度计算可以采用如下公式：

$$\tau_c = c + 915\,414\gamma_s^k \left[0.301\,9 \left(1 - \frac{\gamma_s}{2.65} \right) - W_g \right]^\lambda \qquad (2\text{-}3)$$

式中，τ_c 为土壤临界抗剪强度；c 为土壤原始凝聚力；γ_s 为土壤容重；W_g 为土壤重量含水量。在马兰黄土区，取 $k = 10.95$，$\lambda = 2.3$。

第3章 流域水沙过程尺度效应及其机理分析

流域水沙运动具有时空变化特性,必然涉及尺度问题。尺度问题已经成为水文学、土壤侵蚀与水土保持、生态学、气象学等领域的重点问题和难点问题,这一点已经得到广泛的共识。随着强烈人类活动对水沙流域过程的干扰不断加剧,水沙过程各要素的空间异质性进一步得到强化,使得水沙尺度问题更加扑朔迷离。同时,在当今气候变化和人类活动加剧的大环境下,流域水沙运动机理发生了深刻的变化,人类迫切需要解决的问题是:各种人类活动和气候变化影响因素究竟如何对水沙流域过程产生作用?作用的后果如何?针对层出不穷的新情况,人类应该采取怎样的应对手段回答以上问题?问题的关键在于弄清不同尺度水沙运动规律。

流域水沙过程可以分解为坡面水沙过程和河道水沙过程两大典型单元。其中坡面水沙过程是流域水沙过程的基础,河道水沙过程则是其控制面积内坡面水沙过程与河道汇流过程叠加的综合反映。本研究从坡面尺度和流域尺度两个方面对流域水沙过程尺度效应及其机理进行初步研究。

3.1 坡面水沙过程尺度效应分析

许多研究表明,坡面产流前水体的含沙量就能达到200 kg/m³以上,最高可以达到600 kg/m³;坡面产流后,通过坡面水流侵蚀,可使峁坡区的最高含沙量增加到900 kg/m³左右;经过沟坡区,沙量从水力及重力侵蚀中得到新的补给,最大含沙量可达1000 kg/m³左右(王兴奎等,1982),说明黄土区坡面的水流输沙特性具有显著的非线性特点。

3.1.1 坡面水蚀过程及其尺度效应分析

坡面水沙过程是流域水沙过程的基本单元过程。主要受降雨、地形、土壤、植被等自然条件及耕作等人类活动的影响。对黄土高原地区坡面侵蚀机理的研究的出发点主要为典型侵蚀地貌和侵蚀动力学机理两个方面。从侵蚀地貌和侵蚀形态角度出发一般将坡面水沙过程分为雨滴溅蚀、面(片)蚀和沟蚀。从水动力学角度分为雨滴溅蚀、薄层水流侵蚀和股流侵蚀，同时还伴随着不同尺度上重力侵蚀对侵蚀输沙过程的扰动（表3-1）。

表3-1　坡面侵蚀类型及其侵蚀输沙条件

侵蚀机理	侵蚀类型	临界地形条件	侵蚀输沙条件	
			侵蚀过程	产沙过程
薄层水流侵蚀	面（片）蚀	裸露土壤表面，坡度大于2°	$\tau_f > \tau_c$	$E \leqslant 4.8 \text{cm}$ 时：$T_c = k\tau^{\frac{2}{3}}$
	细沟侵蚀	坡度大于5°		
股流侵蚀	浅沟侵蚀	坡耕地，且 $SA^{0.1045} > 0.522$	$G < T_c$	$E \geqslant 4.8 \text{cm}$ 时：$T_s = k(\omega_u - \omega_{uc})$
	切沟侵蚀	$SA^{0.1351} > 1.964$		
重力侵蚀	滑坡、泻溜等	边坡坡度大于土壤休止角	下滑剪切力 τ_{Gx}>土体抗剪强度 τ_{sc}	水流挟沙能力

切沟是径流进一步汇集或因汇水面积较大形成较大股流条件下，由于径流下切能力较强，沟身切入地面以下 10～50m 的侵蚀类型。沟底的上游段一般与地表基本保持平行，而下游段则陡于地表坡面，横断面呈"V"形。侵蚀过程中多伴随下切侵蚀、侧壁侵蚀及小规模崩塌等（Zhu et al.，2002）。比较李斌兵等（2008）的研究可以知道，切沟发生的临界地形较浅沟的空间尺度更大，而王文龙等（2003b）的研究表明，其发生的临界水动力条件为 $Re \geqslant 10\,000$，$E \geqslant 6.4\ \text{cm}$。

综上所述，在坡面水沙过程中，面（片）蚀—细沟侵蚀—浅沟侵蚀—切沟侵蚀发生的临界条件空间尺度不断增大，雨滴溅蚀—薄层水流侵蚀—股流侵蚀的水流侵蚀能力不断增强。不同的侵蚀类型之间的转换存在着如表3-1所示的临界地形及水动力学条件。从空间尺度上看，面（片）蚀—细沟侵蚀—浅沟侵蚀—切沟侵蚀在坡面上发生所需的空间尺度依次增大：在较小的空间尺度上，侵蚀过程主要受水流剥蚀能力的控制，随着尺度的增大逐渐转变为受水流输移能力的控制，而水流输移能力特性也随着水流能量的变化而发生改变。因此，在坡面水沙过程中随着空间尺度的不同，侵蚀输沙过程也会发生显著的改变。

3.1.2　坡面重力侵蚀及其尺度效应分析

沟坡在自身重力作用下，失去稳定而产生位移的现象叫重力侵蚀。重力侵蚀主要发生在山区、丘陵区侵蚀活跃的沟壑和陡坡上，在陡坡和沟的两岸沟壁，其中下部分被水流淘空，加上土壤及其成土母质自身的重力作用，不能继续保留在原来的位置，便分散地或成片地塌落一般以包括崩塌、滑塌、泻溜、陷穴、崩岗等形式发生（图 3-1 ～ 图 3-6）。严重的滑坡、坍塌、崩塌可堵塞沟道，形成天然水库，称为"聚湫"。有的滑坡可吞没村庄，断绝交通。产生重力侵蚀的主要原因有地面坡度大于土壤自然安息角；暴雨过大过猛，冲刷力极强；土体上部为透水层，下部为不（或弱）透水层，中间成为滑动区；沟底下切，深宽比增大；土体含水量增大或饱和，凝聚力和抗剪力减小；岩土风化、气候干湿变化、冻融作用都能引发疏松的碎块碎屑向坡下散落；地震影响。

图 3-1　塬边地区沟道稳定的滑坡体

图 3-2　塬边淤地坝内稳定的滑坡体

图 3-3　塬边地区滑坡体上发生的泻溜

图 3-4　塬边地区滑坡体上发生的泻溜

图 3-5　塬边地区发生的崩塌

图 3-6　陡坡底部因冻融发生的重力侵蚀

沟坡重力侵蚀在黄土山区普遍存在,特别是在黄土残塬沟壑区,重力侵蚀更为严重。相对于雨滴溅蚀、薄层水流侵蚀和股流侵蚀的作用对象是土壤颗粒而言,重力侵蚀的作用对象是成块的土体。因此,重力侵蚀的发生主要需要克服土体的结构强度,其影响因素主要包括气候、地形、土壤性质、植被等。其中,地形成为重力侵蚀发生的主要影响因素。重力侵蚀发生的空间跨度较大,既有伴随着细沟侵蚀、浅沟侵蚀、切沟侵蚀等过程进行的较小尺度的侵蚀现象,也包括山体崩塌、滑坡等大尺度的重力侵蚀现象。

室内坡面侵蚀试验发现,小型沟坡发生的重力侵蚀由于与沟槽径流过程同步,其侵蚀量基本都能被带出其侵蚀区域。而通过野外调查发现,较大规模的重力侵蚀,其产生的泥沙量相对于其侵蚀量较小。首先,重力侵蚀的发生往往并不与沟道产流过程同步。王德甫等(1993)调查发现,在黄土区不同重力侵蚀形式发生的时间与降雨产流的时间存在差异。例如,崩塌多发生在非降雨期(图3-6),泻溜多发生在降雨后期。其次,大规模的重力侵蚀往往堵塞沟道,同时由于新侵蚀的土体松散,是良好的透水体,在沟道径流量不大的情况下对沟道内的水流起到消能的作用,减小了水流的挟沙能力。如图3-1、图3-5所示,较大规模的重力侵蚀,其侵蚀量的大部分均堆积在原地。

目前对较小尺度上的重力侵蚀研究较少,但根据韩鹏等(2003)的试验可以发现,较小尺度上重力侵蚀存在着如下几个特点:一是由于细沟等尺度较小,重力侵蚀往往与降雨、径流过程同步;二是由于其与降雨和地表径流同步,其侵蚀土体往往全部被径流带出其侵蚀地点,重力侵蚀产沙可以占到细沟输沙的50%;三是小尺度重力侵蚀的主要作用是加宽侵蚀沟槽和阻止水流进一步下切。

综上所述,重力侵蚀随着其发生尺度的变化有如下特点:一是虽然重力侵蚀具体发生位置不确定,但在较小空间尺度上的发生频率相对频繁,随着空间尺度的增大,其发生的影响因素逐渐复杂,发生过程逐渐变得不确定。二是在较小的尺度上的重力侵蚀影响因子相对单一,且其发生过程基本与降雨、径流同步。由于相对于沟道的过水断面重力侵蚀的体积较小,随着产汇流过程的进行,重力侵蚀所产生的泥沙量可以全部被水流携带离开其侵蚀位置。而大尺度的重力侵蚀,由于影响因素复杂,发生的时间一般滞后于流域径流过程。同时由于侵蚀堆积体远远大于沟底水流的过水断面,其侵蚀量往往只有部分被水流携带离开侵蚀位置,剩余侵蚀土体则成为地貌的一部分。因此,从流域水沙过程的角度,重力侵蚀的尺度效应主要表现为小尺度的重力侵蚀输移比可以达到1,而较大尺度的重力侵蚀输移比则远小于1。

3.2 流域降雨–径流–泥沙过程中的尺度规律分析

应用的资料包括 1991～2000 年泾河流域 153 个雨量站和 12 个径流站水文资料，1979～1990 年 5 个径流站水文泥沙资料，中国科学院地理所生产的 2000 年 1：100 000 土地利用图，90mDEM，以及土壤类型分布图。由于降雨资料为泾河流域及周边 153 个雨量站的点降雨资料，为了正确反映研究区域内的降雨情况，必须对降雨资料进行空间展布。对降雨资料的空间展布参见参考文献（周祖昊等，2006）。对土地利用资料、DEM 和土壤类型资料采用 ArcGIS 9.2 软件进行处理提取相应的分析数据。

所选取的 12 个径流站均位于泾河流域内，如图 3-7 所示。径流站的控制面积在 528～43 126km²。

3.2.1 研究流域水文相似性比较

流域水文过程包括降雨、植被截留、蒸发蒸腾、入渗、地表产流、坡面汇流、河道汇流等众多过程，与流域的形状、地形地貌、土壤、植被及人类活动等因素密切相关，因此，流域水文相似的含义十分广泛。一般分为统计相似、自相似和动态相似，统计相似是多流域之间水文相似分析的常用方法。流域的地形、土地利用类型等直接影响降雨的截留、入渗及汇流过程，是降雨–径流过程的主要影响因素。选取土壤、流域地形参数、土地利用类型、降雨的年内分布及多年径流累积曲线等影响流域水文过程的要素进行水文相似性分析。

流域形状系数是流域边界长度与等面积圆周长的比值，其值越接近 1，表示流域的形状越接近圆形，相同的面降雨量越容易形成较大的洪水。沟壑密度是流域内沟道长度与流域面积的比值，其值越大，表示流域内单位面积的沟道越多。河道平均比降是表征河道坡降的参数，一般其值越大河道径流流速越大。表 3-2 中所选取的流域形状系数均较大，说明流域的形状较为相似，同时研究流域沟壑密度比较接近。研究流域的河道平均比降相差较大，但在黄土高原地区由于土层深厚，一般在上游地区河道比降较大，中下游地区由于河床下切入基岩，河道比降相差较小。研究流域内主要土壤类型均为黄绵土，主要地貌类型为丘陵沟壑区和高塬沟壑区。

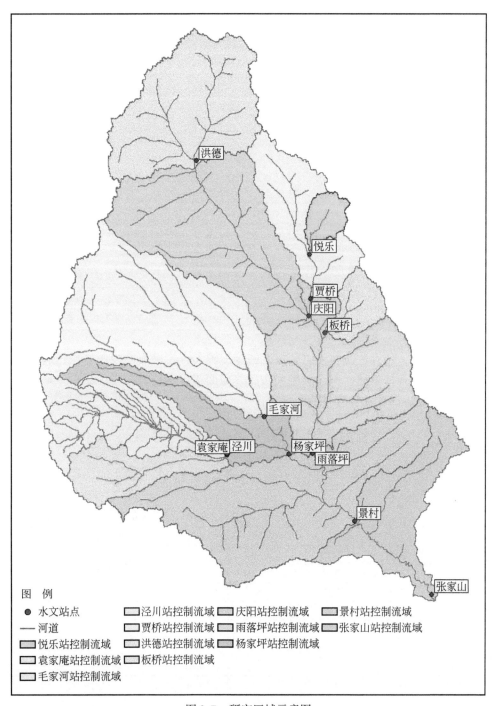

图 3-7　研究区域示意图

表 3-2　流域基本参数

流域控制站名称	流域形状系数	沟壑密度（km/km²）	河道平均比降（km/km）	主要地貌类型
悦乐	11.30	1.05	0.0130	丘陵沟壑区
板桥	11.35	0.85	0.0135	高塬沟壑区、丘陵沟壑区
袁家庵	16.39	0.94	0.0143	高塬沟壑区、丘陵沟壑区
贾桥	13.46	0.74	0.0058	丘陵沟壑区
洪德	13.04	0.83	0.0084	丘陵沟壑区
泾川	15.84	1.27	0.0168	高塬沟壑区
景村	12.83	1.00	0.0068	高塬沟壑区、丘陵沟壑区
毛家河	14.03	1.00	0.0135	高塬沟壑区
庆阳	13.81	0.92	0.0056	高塬沟壑区、丘陵沟壑区
杨家坪	12.10	1.08	0.0106	高塬沟壑区
雨落坪	14.60	0.95	0.0044	高塬沟壑区、丘陵沟壑区
张家山	14.27	0.82	0.0048	高塬沟壑区、丘陵沟壑区

表 3-3 中研究流域的林草地面积比例差别较大，其中板桥控制流域包含部分子午岭林区，其林草地面积比例最大，而旱地面积比例相对较小。研究流域其他土地利用类型面积比例差别较小。

表 3-3　2000 年研究水文站土地利用类型比例　　　　（单位:%）

流域控制站名称	林草地	水域	城镇、工矿与居民区	未利用	水田	旱地
悦乐	62.25	0	0.21	0	0	37.54
板桥	75.97	0.01	0.13	0.01	0.04	23.83
袁家庵	51.72	0.21	1.57	0.05	0	46.44
贾桥	58.66	0.02	0.12	0	0	41.19
洪德	59.42	0.14	0.27	1.58	0	38.58
泾川	53.55	0.78	3.65	0	0	42.01
景村	54.11	0.39	1.31	0.19	0	44.00
毛家河	55.16	0.40	0.63	0	0	43.81
庆阳	56.89	0.26	0.24	0.71	0	41.90
杨家坪	52.15	0.52	2.06	0.01	0	45.26
雨落坪	58.12	0.24	0.72	0.40	0	40.53
张家山	54.73	0.39	1.35	0.18	0	43.35

注：表中数据经四舍五入，加和未等于 100%

变差系数（Cv）是用来衡量数据分布的相对离散程度的参数，这里用来分析不同流域的径流过程在时间序列上的离散程度的大小。偏态系数（Cs）是衡量数据分布对期望值是否对称，这里用来分析不同流域的径流系列相对于平均值的分布是否对称及其偏离程度。从表 3-4 可以看出：多年平均条件下，降雨量年内降雨分布的 Cv 和 Cs 的差别均不大，说明研究流域的降雨在各月上的相对离散程度均相差不大，且年内降雨分布主要集中在少数月内。与年内降雨分布的统计特征相比，年内径流分布各项统计特征随着流域面积的变化有较大的差异：Cv 值随着流域的增大，变化趋势较为复杂，说明随着流域空间尺度的增大，流域内产汇流影响因素的差异使得不同研究流域径流的年内分布离散程度差异较大；其 Cs 值与年内降雨分布值相比，随着流域面积的增大没有明显的变化。同时可以看出，年内径流分布比降雨分布更加集中在少数月内。

表 3-4　研究流域内降雨和径流 1991～2000 年内分布统计特性

流域控制站名称	流域面积（km²）	Cv		Cs	
		降雨量	径流量	降雨量	径流量
悦乐	528	0.94	1.16	0.99	1.74
板桥	807	0.86	0.76	0.75	1.44
袁家庵	1 645	0.82	0.55	0.66	1.09
贾桥	2 988	0.94	1.11	0.98	1.74
泾川	3 145	0.88	0.64	0.76	1.29
洪德	4 640	1.02	1.63	1.10	1.65
毛家河	7 189	0.92	0.99	0.96	1.62
庆阳	10 603	0.97	1.20	1.06	1.65
杨家坪	14 124	0.88	0.74	0.81	1.53
雨落坪	19 019	0.92	1.08	0.94	1.62
景村	40 281	0.86	0.75	0.76	1.60
张家山	43 126	0.86	0.72	0.78	1.53

由表 3-5 可知，虽然研究流域的径流过程都具有主要径流相对集中，研究时段内各流域的丰枯状况差异较大的特点，但各研究流域日、月、年径流累积分析曲线随时间呈极显著的线性相关关系，线性拟合决定系数均大于 0.97，达到极显著水平。

表 3-5　研究流域 1991～2000 年径流量累积分析

流域控制站名称	日径流累积拟合曲线	月径流累积拟合曲线	年径流累积拟合曲线
悦乐	$y=5.495x-628.6$ $R^2=0.989$	$y=5.502x-18\ 338$ $R^2=0.989$	$y=2\ 011x-637.4$ $R^2=0.991$
板桥	$y=3.296x+634.9$ $R^2=0.992$	$y=3.290x-10\ 863$ $R^2=0.991$	$y=1\ 166x+865.4$ $R^2=0.993$
袁家庵	$y=21.70x+2\ 493$ $R^2=0.980$	$y=21.65x-71\ 637$ $R^2=0.980$	$y=7\ 722x+3\ 777$ $R^2=0.976$
贾桥	$y=27.53x+576.2$ $R^2=0.987$	$y=27.50x-91\ 284$ $R^2=0.987$	$y=9\ 751x+2\ 369$ $R^2=0.985$
泾川	$y=25.91x-4\ 306$ $R^2=0.973$	$y=25.92x-86\ 521$ $R^2=0.972$	$y=9\ 274x-3\ 322$ $R^2=0.970$
洪德	$y=5.018x+402.4$ $R^2=0.988$	$y=43.26x-10^6$ $R^2=0.987$	$y=15\ 375x+6\ 162$ $R^2=0.985$
毛家河	$y=70.96x-7\ 995$ $R^2=0.990$	$y=70.98x-2\times10^6$ $R^2=0.990$	$y=25\ 476x-5\ 735$ $R^2=0.990$
庆阳	$y=129.8x+2\ 099$ $R^2=0.991$	$y=129.6x-4\times10^6$ $R^2=0.990$	$y=46\ 357x+8\ 307$ $R^2=0.989$
杨家坪	$y=131.8x+3\ 261$ $R^2=0.991$	$y=131.7x-4\times10^6$ $R^2=0.991$	$y=46\ 752x+11\ 767$ $R^2=0.989$
雨落坪	$y=316.7x+3\ 237$ $R^2=0.993$	$y=316.4x-10^7$ $R^2=0.993$	$y=11\ 300x+18\ 962$ $R^2=0.992$
景村	$y=52.86x-2\ 024$ $R^2=0.989$	$y=52.83x-2\times10^6$ $R^2=0.989$	$y=18\ 872x+336.9$ $R^2=0.988$
张家山	$y=360.8x+38\ 826$ $R^2=0.989$	$y=359.9x-10^7$ $R^2=0.988$	$y=12\ 658x+68\ 477$ $R^2=0.985$

　　综上所述，所设置的研究区虽然在流域面积、地形及土地利用等产汇流过程影响因素有一定差异，但其降雨-径流过程在降雨、径流的年内分布规律较为一致，径流累积随时间呈显著的线性关系。

3.2.2 降雨–径流过程空间尺度效应分析

由于研究流域的径流累积曲线与时间呈极为显著的线性规律，其一次项系数则表示研究流域的径流累积增长系数。由图 3-8 和表 3-6 可知，拟合曲线的增长系数与流域面积呈极显著的二次曲线关系（$y = -9 \times 10^{-5} x^2 + 4.107x - 1532$，$R^2 = 0.894$）。说明研究流域的径流累积增长系数随流域尺度的变化，存在明显的线性关系。表明泾河流域内，不同空间尺度的流域径流累积效应主要受流域大小的影响。但分析同时表明，单位面积累积增长系数与流域空间大小的关系则不明显（图 3-8）。

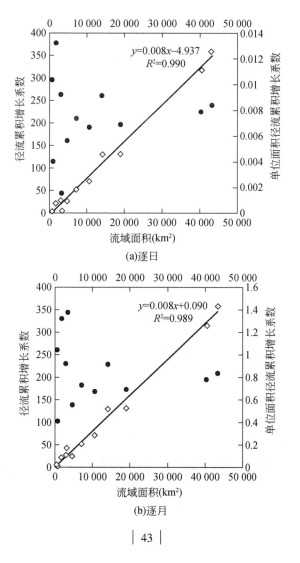

(a)逐日

(b)逐月

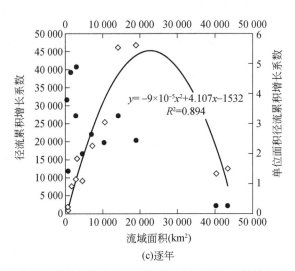

图 3-8　径流累积增长系数及单位面积径流累积增长系数随尺度变化关系

表 3-6　不同时间尺度径流量累积增长随空间尺度变化关系

项目	拟合关系曲线	决定系数
逐日	$y=0.008x-4.937$	$R^2=0.990$
逐月	$y=0.008x+0.090$	$R^2=0.989$
逐年	$y=-9\times10^{-5}x^2+4.107x-1532$	$R^2=0.894$

在不同的时间尺度上，降雨与径流的响应过程存在不同程度的不同步现象，随着时间尺度的加大，这种不同步现象逐渐减小。在水文年尺度上可以认为这种效应很小，因此，选取年尺度数据进行相关性分析，找出相关关系随空间尺度变化的效应。具体分析对象选取展布降雨量、径流深和径流系数。其中，降雨是水文响应的基本驱动因素，主要受气候、地形等条件影响；径流深是径流量与流域面积的比值，表示单位面积上产生的净雨量，反映降雨、地形、地貌、植被、土地利用、土壤等综合的流域产汇流条件作用下单位面积上的产汇流效率；径流系数是径流深与降雨量的比值，表示单位面积上相同降雨量时下垫面的产流效率，受降雨和下垫面特性的综合作用。

由图 3-9 可以看出，不同流域之间径流深与径流系数的相关性达到显著水平，径流深与降雨量次之，而降雨量与径流系数相关性较小。同时，这三个参数的相关性随着流域空间尺度的增大，其变化趋势波动具有一致性，然而，三者之间相关系数与流域面积之间的关系比较复杂。

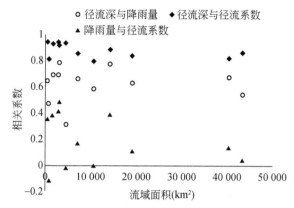

图3-9　研究流域降雨-径流响应参数随空间尺度变化关系

3.2.3　降雨-径流过程空间尺度效应机理分析

降雨-径流过程是流域水循环的重要过程之一，降雨-径流过程表现为降雨经过植被截留之后，降落到地面发生填洼、下渗，随之产生地表径流，在地形、植被、土壤等的影响下汇入河道。在这个过程中降雨的空间分布、降雨强度、降雨量、植被、土壤、地形及人类活动等都对降雨-径流过程发生影响，从而使得流域的降雨-径流过程呈现出复杂的时间和空间尺度效应。

卢金发和黄秀华（2003）研究发现，黄河中游地区流域产沙量随植被变化存在着两个临界值，一是当流域植被覆盖度等于30%时，二是当植被覆盖度等于70%时。游珍等（2005）研究发现，在黄土高原约15°的自然荒草坡面上，地表植被和结皮的空间结构对坡面水土保持效果有巨大的影响。从表3-7可以看出，除洪德控制流域外多年平均降雨量相近，而多年平均径流深差别较大，说明流域内降雨的耗散规律差异较大，在多年平均水平上径流与蒸发分配比例不同。造成这种差异的原因与流域的空间面积大小没有明显的变化关系，主要原因在于土地利用的差异：平均径流深与林地、草地比例之和呈显著的负相关关系，相关系数为-0.75；而与旱地比例呈显著的正相关关系，相关系数为0.78。同时平均径流系数与林地、草地比例之和呈极显著的负相关关系，相关系数为-0.91；而与旱地比例呈极显著的正相关关系，相关系数为0.92。

表3-7　降雨-径流主要影响因素分析

流域控制站名称	流域面积（km²）	林地比例（%）	草地比例（%）	旱地比例（%）	平均降雨量（mm）	平均径流深（mm）	平均径流系数
悦乐	528	8.26	53.99	37.54	471.48	36.79	0.078 0

流域控制站名称	流域面积（km²）	林地比例（%）	草地比例（%）	旱地比例（%）	平均降雨量（mm）	平均径流深（mm）	平均径流系数
板桥	807	35.93	40.04	23.83	485.35	14.96	0.030 8
袁家庵	1 645	10.97	40.75	46.44	488.97	46.34	0.094 8
贾桥	2 988	5.91	52.75	41.19	455.71	31.69	0.069 5
洪德	4 640	1.05	58.37	38.58	313.84	17.75	0.056 6
泾川	3 145	13.78	39.78	42.01	471.91	5.59	0.011 8
景村	40 281	8.27	45.84	44.00	448.46	27.22	0.060 7
毛家河	7 189	4.49	50.67	43.81	430.93	25.03	0.058 1
庆阳	10 603	1.78	55.11	41.90	362.11	22.24	0.061 4
杨家坪	14 124	6.96	45.19	45.26	457.96	31.87	0.069 5
雨落坪	19 019	8.30	49.82	40.53	418.38	23.92	0.057 2
张家山	43 126	9.40	45.33	43.35	452.50	28.82	0.063 7

尽管所选取的 12 个研究流域的水文相似性存在一定差异，但研究流域之间的年内降雨和径流分布具有基本相同的规律，同时研究流域的径流累积增长与时间均呈极为显著的线性关系，且径流的累积增长率随着流域尺度的增大存在明显的尺度效应。这说明虽然流域内影响降雨–径流过程的因素复杂多变，但由于流域内的年内降雨分布规律相似，且多为短历时暴雨，使得流域的产流过程多表现为超渗产流，从而在很大程度上弱化了土地利用、地形、植被等对月尺度上的降雨径流累积规律的影响，使得泾河流域的降雨–径流过程在空间尺度上表现为不同面积流域的径流累积增长与流域面积呈显著的线性相关关系。

3.2.4　不同尺度流域水沙过程尺度效应及其机理分析

流域水沙过程受降雨、地形地貌、植被及其格局、土壤、气候及人类活动等众多因素的影响。本研究从径流泥沙相关性在日、月、年时间尺度上的相关性及其随流域尺度的变化关系对流域水沙过程尺度效应进行研究。

从表 3-8 可以看出，由于研究区域的自然气候条件相似，随着时间尺度的增大，产汇流过程对流域降雨–径流过程中水量过程的影响逐渐减小，不同尺度流域上降雨量与径流量的相关性均随着时间尺度的增大逐渐增大。同时可以看出，不同时间尺度上，降雨–径流的相关性随流域尺度的变化不明显。

表 3-8　不同时间尺度降雨量与径流量相关系数

控制站名称	流域面积（km²）	日	月	年
悦乐	528	0.364**	0.686**	0.799**
板桥	807	0.535**	0.755**	0.874**
袁家庵	1 645	0.472**	0.693**	0.855**
贾桥	2 988	0.500**	0.788**	0.860**
泾川	3 145	0.523**	0.724**	0.800**
洪德	4 640	0.507**	0.659**	0.702*
毛家河	7 189	0.557**	0.802**	0.745*
杨家坪	14 124	0.559**	0.802**	0.864**
雨落坪	19 019	0.450**	0.819**	0.862**
景村	40 281	0.439**	0.788**	0.868**
张家山	43 126	0.245**	0.762**	0.883**

＊＊在 0.01 水平（双侧）上显著相关；＊在 0.05 水平（双侧）上显著相关

从表 3-9 可以看出，由于泾河流域的降雨和侵蚀过程主要集中在夏季，其他时段的径流过程主要由基流补给，不同尺度流域上降雨量与河道控制断面含沙量的相关性在月时间尺度上最强，其次是日时间尺度，再次是年时间尺度。这说明，泾河流域的泥沙输出主要来源于坡面产汇流侵蚀，河道泥沙补给能力有限。同时可以看出，不同时间尺度上，降雨量与河道控制断面含沙量的相关性随流域尺度的变化均没有明显的规律。

表 3-9　不同时间尺度降雨量与河道控制断面含沙量相关系数

控制站名称	流域面积（km²）	日	月	年
悦乐	528	0.340**	0.752**	0.719*
板桥	807	0.247**	0.507**	0.402
袁家庵	1 645	0.400**	0.741**	0.290
贾桥	2 988	0.391**	0.760**	0.433
泾川	3 145	0.482**	0.827**	0.641
洪德	4 640	0.393**	0.762**	0.730*
毛家河	7 189	0.428**	0.818**	0.712*
杨家坪	14 124	0.431**	0.789**	0.608
雨落坪	19 019	0.374**	0.801**	0.431
景村	40 281	0.372**	0.795**	0.422
张家山	43 126	0.254**	0.772**	0.448

＊＊在 0.01 水平（双侧）上显著相关；＊在 0.05 水平（双侧）上显著相关

从表 3-10 可以看出，不同时间尺度上，降雨量与河道控制断面输沙率的相关性随流域尺度的变化具有一定的规律性：在小于 20 000km^2 的流域上，随时间尺度的变化，其相关性表现为年>月>日；而大于 20 000km^2 的流域上，相关性表现为月>年>日。

表 3-10 不同时间尺度降雨量与河道控制断面输沙率相关系数

控制站名称	流域面积（km^2）	日	月	年
悦乐	528	0.222**	0.520**	0.731*
板桥	807	0.282**	0.609**	0.642
袁家庵	1 645	0.448**	0.796**	0.852**
贾桥	2 988	0.354**	0.635**	0.685*
泾川	3 145	0.438**	0.821**	0.857**
洪德	4 640	0.495**	0.637**	0.816**
毛家河	7 189	0.498**	0.664**	0.755*
杨家坪	14 124	0.504**	0.765**	0.848**
雨落坪	19 019	0.323**	0.668**	0.720*
景村	40 281	0.342**	0.760**	0.422
张家山	43 126	0.222**	0.768**	0.602

＊＊在 0.01 水平（双侧）上显著相关；＊在 0.05 水平（双侧）上显著相关

从表 3-11 可以看出，不同尺度流域上控制断面径流量与输沙率在不同时间尺度上均存在很好的正相关关系。这说明黄土区的流域水沙过程中径流量是影响流域输沙率的主要因素。

表 3-11 不同时间尺度控制断面径流量与输沙率相关系数

控制站名称	流域面积（km^2）	日	月	年
悦乐	528	0.969**	0.931**	0.982**
板桥	807	0.875**	0.736**	0.749*
袁家庵	1 645	0.646**	0.710**	0.912**
贾桥	2 988	0.970**	0.917**	0.879**
泾川	3 145	0.669**	0.792**	0.925**
洪德	4 640	0.998**	0.950**	0.914**
毛家河	7 189	0.964**	0.930**	0.968**
杨家坪	14 124	0.815**	0.788**	0.907**
雨落坪	19 019	0.956**	0.885**	0.901**

控制站名称	流域面积（km²）	日	月	年
景村	40 281	0.801**	0.756**	0.812**
张家山	43 126	0.653**	0.681**	0.652

**在 0.01 水平（双侧）上显著相关；*在 0.05 水平（双侧）上显著相关

分析其原因可以发现，这是黄土区特殊的气候、土壤等条件共同作用的结果。Langbein-Schumm 定律（许炯心，1994）（图 3-10）表明，多年平均降雨量在 300mm 左右的地区，其侵蚀产沙模数处于极值区域。这是由于在 300mm 降雨量的区域，由于气候条件的影响，其植被、土壤发育等条件造成降雨侵蚀能力与下垫面的抗蚀能力的比值存在一个高值区。泾河流域的多年平均降雨量从北至南变化在 313~488mm，刚好在 300mm 降雨量的极值附近。许炯心（1994）利用该定律对我国的侵蚀地带性进行研究（图 3-11）发现，我国的侵蚀地带性变化虽然符合该定律的趋势，但在黄土高原区域的侵蚀模数是该定律的 10 倍左右。经比较分析发现，黄土的易蚀性是造成这种现象的主要因素。与此同时，由于泾河流域径流过程集中在多暴雨的夏季，流域超渗产流特性非常明显，基流仅为径流量的 16%，地表产流占绝对优势。在薄层水流阶段，土壤侵蚀的控制性因子是水流侵蚀能力与土壤抗蚀能力的对比关系，随着汇流过程的进行，水流的输沙过程虽然受侵蚀耗能的影响，但起主导作用的因子为水流挟沙能力。黄土高原地区高含沙水流"多来多排"的特性，造成了在尺度相对较大的河道水沙过程中径流量成为影响流域输沙率的主要因素，即不同尺度流域河道内输沙率变化过程主要受上游地表来水量的影响。

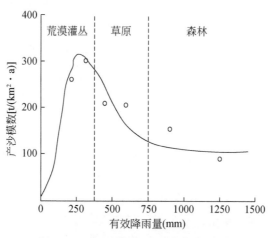

图 3-10　降雨特征与产沙模数的关系

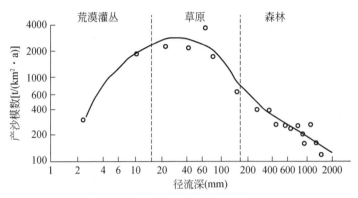

图 3-11　径流特征与产沙模数的关系

综合上述研究可以发现，由于流域的产流过程多为夏季超渗产流，在很大程度上弱化了土地利用、地形、植被等对月尺度上的降雨径流累积规律的影响，使得泾河流域的降雨–径流过程在空间尺度上表现为不同面积流域的径流累积增长与流域面积呈显著的线性相关关系。而单位面积累积增长系数与流域空间大小的关系则不明显。同时，在较大尺度的流域内，由于黄土的易蚀性、高含沙水流特性等，在不同的时间尺度上水流的输沙率则表现为与河道水量过程密切相关。

3.3　本章小结

本章从坡面和流域两个尺度对流域水沙过程及其尺度效应进行了初步探索，结果如下。

1）在坡面水沙过程中，面（片）蚀—细沟侵蚀—浅沟侵蚀—切沟侵蚀发生的临界条件空间尺度不断增大，雨滴溅蚀—薄层水流侵蚀—股流侵蚀的水流侵蚀能力不断增强。不同的侵蚀类型之间的转换存在着临界地形及临界水动力学条件。从空间尺度上看，面（片）蚀—细沟侵蚀—浅沟侵蚀—切沟侵蚀在坡面上发生所需的空间尺度依次增大：在较小的空间尺度上，侵蚀过程主要受水流剥蚀能力的控制，随着尺度的增大逐渐转变为受水流输移能力的控制，而水流的输移能力特性也随着水流能量的变化而发生改变。因此，坡面侵蚀输沙过程中水流侵蚀输沙特性的非线性变化是引起坡面水沙过程中尺度问题的主要原因。

2）重力侵蚀在较小空间尺度上的发生频率相对频繁，随着空间尺度的增大，其发生的影响因素逐渐复杂，侵蚀发生过程逐渐变得不确定。同时，在较小的尺度上，重力侵蚀输移比可以达到1，而较大尺度的重力侵蚀的输移比则远小于1。输移比的这种尺度效应主要与重力侵蚀发生后一定时段内汇流路径上的水流挟沙能力有关。

3）泾河流域内不同空间尺度的径流累积量与时间具有极显著的线性相关关系，线性拟合决定系数均大于0.97，达到极显著水平。且拟合曲线的增长系数与流域面积呈极显著的线性关系（$R^2 = 0.997$），存在明显的空间尺度效应，而单位面积累积增长系数与流域空间大小的关系则不明显。

4）不同尺度上侵蚀输沙特性不同。在小尺度条件下水流侵蚀输沙主要受水流侵蚀能力的影响；随着尺度逐渐增大，水流的侵蚀输沙主要受水流挟沙能力的影响；尺度进一步增大后流域输沙率主要影响因素逐渐弱化为上游来水量。其主要原因有三点，一是黄土的易蚀性；二是黄土高原的高含沙水流特性；三是黄土高原的气候条件等因素，决定了较大区域上植被等对下垫面抗蚀能力的增强作用因空间变异不断弱化。

以上结论也为黄土高原地区水土保持与生态治理提供了理论指导，即在小尺度上的水土保持措施需要尽量减少水流的能量汇集条件，减少地表径流量或地表水流的侵蚀能力，在较大尺度上则需要致力于减少地表径流量，改变径流结构。

流域水沙过程不仅是多因子综合影响的一个复杂的时空变异过程，而且也是一个典型的多重尺度变异过程。其重点尺度与主控因子的时空关系因时间、空间和尺度而异。因此，对分布式水沙耦合模型的构建必须要考虑亚计算单元尺度的侵蚀输沙规律的非线性变化问题，这就需要建立物理机制相对完善的坡面侵蚀输沙模拟模型。

| 第 4 章 |　　分布式水沙过程耦合模拟原理与建模技术

4.1　分布式水沙过程模拟原理

4.1.1　WEP 模型及其发展

WEP-L 模型是贾仰文等（2005，2006a，2006b）为进行水资源评价而构建的分布式水文模型。该模型同集总式水资源配置模型进行耦合，组成水资源二元演化模型，用以描述在"自然–社会"二元驱动力作用下的流域水循环过程。WEP-L 模型是从 WEP 模型发展而来的，可用于大尺度水文模拟。WEP 模型最早开发于 1995 年，于 2002 年完成，并获日本国著作权登录。WEP 模型是基于栅格划分的分布式水文模型，能够有效模拟流域水和能量的运移过程，先后在日本、韩国多个流域进行应用验证，模型效果显著。2003 年，在 WEP 模型基础上，添加融雪积雪模块和农田灌溉模块，形成 IWHR-WEP 模型。2003～2004 年，舍弃栅格模式，采用子流域套等高带作为最小计算单元，同时添加人工取用水模拟过程，形成 WEP-L 模型。

4.1.2　自然水循环过程模拟

1. 气象数据的空间展布

降水是模型最主要的驱动因素，数据的精确程度直接影响着最终模拟效果，而其他气象要素（如风速、相对湿度、大气温度、日照）是计算蒸散发所必需的参数。WEP-L 模型是日尺度模型，需要逐日气象数据作为输入。气象数据来自流域内相关气象站、雨量站，并通过空间展布手段展布到各子流域上，从而反映流域气象数据的空间差异性。

为提高模型运行速率，WEP-L 模型采用外部气象展布算法将模拟时间序列内的气象数据展布到子流域上，实际运行期间直接读取对应数据。对 WEP-L 模型而言，只需知道每个子流域每日气象数据即可，因此，气象展布程序可以灵活采用多种不同的展布方法进行气象数据的展布，只要满足气象数据输入结构即可。外部展布气象数据相比于直接写入 WEP-L 模型有助于以后气象展布算法的更新。WEP 模型版本中采用泰森多边形法和反距离加权平均法进行流域内气象数据的展布。泰森多边形法简单来说就是取离待插值点最近距离的站点数据进行估算。反距离加权平均法认为，待插值点的估算值同各站点数据大小成正比，而与对应站点距离成反比，计算公式如下：

$$D = \sum_{i=1}^{m} \lambda_i D_i \tag{4-1}$$

$$\lambda_i = \frac{d_i^{-n}}{\sum_{i=1}^{m} d_i^{-n}} \tag{4-2}$$

式中，D 表示待插值点估计值（mm）；D_i 表示第 i 个参证站点数据（mm）；m 表示参证站点个数；λ_i 表示第 i 个参证站点数据权重；d_i 表示第 i 个参证站点同待插值点的距离（km）；n 表示权重指数，$n=0$ 时，式（4-1）退化为算术平均法；$n=1$ 时，式（4-1）为简单距离反比法；$n=2$ 时，式（4-1）为广泛应用的距离平方反比（reversed distance squared，RDS）法。

在大尺度流域进行雨量展布时，一般收集到的流域雨量站、气象站分布密度不一致。如果采用泰森多边形，则站点分布密集的地区插值效果较好，而站点分布稀疏的地方插值效果很难保证。如果采用反距离加权平均法，则采用特定距离法确定插值站点个数，站点分布密集的地区就会有很多站点入选，而站点分布稀疏的地方则很少甚至没有站点；采用最近 N 个站点法确定插值站点个数，则可能选取站点数据相关度不高，影响插值效果。针对这种站点分布的不均匀性，王喜峰等（2010）修改了传统反距离插值算法，考虑站点数据之间的相关性选择适宜的插值站点，以下简称该修正算法为 ARDS 算法（Amended RDS）。

ARDS 算法首先对所有站点（雨量站、气象站）数据两两比较进行相关性分析。其次，通过设定的相关系数阈值确定该站点的有效影响范围，即将最远一个相关站点的距离作为当前站点的最大相关距离。为考虑插值方向的异质性，每个站点又分 4 个方向（或 8 个方向），分别计算对应方位的最大相关距离。最后，对每个待插值点（模型中则是各子流域形心点）计算同所有站点的距离，如果它们之间的距离小于站点对应方位的最大相关距离，则该站将作为待插值点的一个参证站点。如果某待插值点根据上述相关距离找不到任何一个参证站点，则采用泰森多边形法进行插值。

气象数据不仅具有空间上的不均匀性，还存在着时间上的不均匀性。由于

ARDS 算法使用所有年份数据进行相关性分析，插值过程中使用的 N 个参证站点在某个时期可能都没有数据。例如，模拟 1956 年气象数据时，所选的站点在 1956 年还没建站。该情况下，ARDS 算法将陷入困境，插值出无效数据。本研究再次对 ARDS 算法进行改进，主要有两点改进：①为减少插值计算工作量，引入最小相关距离（通常等于 50m）。如果待插值点最小相关距离内有一个参证站点，则直接使用对应数值进行估计而不进行其他参证点选择；②如果某计算时间内所有参证点都没有数据，则对降水而言，采用泰森多边形进行插值；对其他气象数据则用对应时期多年平均值代替。

2. 降雨数据的时间降尺度展布

WEP-L 模型进行产流计算时除采用日尺度外，还采用小时尺度（主要在暴雨期）。一般提供的降雨资料都是逐日数据，需要降尺度到小时数据。当然，WEP-L 模型可以直接使用小时数据进行计算，但受降水资料精度限制及数据系列长度限制，某些年份根本无法获取小时数据，此时需要进行降尺度处理。

WEP-L 模型采用分区建立日雨量向下尺度化模型，将插值所得日降雨量进行向下尺度化。由于大强度降雨的日内分布对流域产流影响较大，仅考虑大于 10mm 的日降雨进行降尺度处理。实际上，在 WEP-L 模型中以 10mm 为界分为暴雨期和非暴雨期，且不同时期采用不同的入渗计算方式。暴雨期采用 Green-Ampt 模型模拟，而非暴雨期则根据水量平衡按饱和导水率计算，详细见 4.1.2 节入渗过程模拟部分。

向下降尺度模型假设每个大强度降雨日内只有一次。具体公式如下：

$$i = \frac{S}{t^n} \tag{4-3}$$

$$P = \frac{S}{T^{n-1}} \tag{4-4}$$

$$S = aP + b \tag{4-5}$$

式中，i 表示历时 t 内最大降雨平均降雨强度；S 表示暴雨参数（或称为雨力），等于单位时间内最大平均降雨强度；t 表示时段；n 表示暴雨衰减系数，与气候区有关，可用实测资料率定获取；P 表示日降雨量；T 表示日降雨总历时；a、b 表示参数。

使用日雨量向下尺度化时需要先对研究区域使用实测小时降雨量率定参数 a、b 和 n。日内分配首先根据式（4-5）由日降雨计算雨力参数 S；其次，根据式（4-4）计算当日降雨总历时 T；最后，由式（4-3）计算降雨历时内每个小时的降雨量。

3. 蒸发蒸腾模拟

蒸发蒸腾量是水循环的一个重要环节，主要通过改变土壤含水率，影响降水入渗，进而影响流域产流。随着对土壤水研究的重视，蒸发蒸腾量也成为生态用水及农业节水等研究的重要着眼点，也是水资源评价及规则中的主要内容。WEP-L 模型中主要参照 ISBA 模型，采用通用 Penman 公式或 Penman-Monteith 公式等进行蒸发量模拟计算。为减轻计算负担，能量交换过程采用强迫-恢复法（Hu and Islam, 1995）计算热传导及地表温度，详细见 4.1.3 节能量循环过程模拟。

（1）阻抗参数计算

1）空气动力学阻抗。空气动力学阻抗是 Penman 公式用以描述空气对流对蒸发影响的参数，计算公式如下：

$$r_{a} = \frac{\ln\left[(z-d)/z_{om}\right]\ln\left[(z-d)/z_{ox}\right]}{\kappa^2 U} \tag{4-6}$$

$$z_{ox} = \begin{cases} 0.1 \times z_{om} & \text{水域、裸地蒸发} \\ 0.123 \times h_c & \text{植被蒸腾} \end{cases} \tag{4-7}$$

式中，r_a 表示蒸发表面空气动力学阻抗（s/m）；z 表示气象站观测点离地面的高度（m）；d 表示置换高度（m）；z_{om} 表示水蒸气紊流扩散对应的地表粗度（m）；z_{ox} 表示地表粗度，根据具体下垫面不同（m）；κ 表示 von Karman 常数；U 表示风速（m/s）；h_c 表示植被高度（m）（Noilhan and Planton, 1989）。

2）植被群落阻抗。植被群落阻抗是植被所有叶片气孔阻抗的总和，不考虑叶面积指数 LAI 对叶片气孔阻抗的影响，Dickinson 等（1991）提出以下公式计算植被群落阻抗：

$$r_c = \frac{r_{smin}}{LAI} f_1 f_2 f_3 f_4 \tag{4-8}$$

$$f_1^{-1} = 1 - 0.0016(25 - T_a)^2 \tag{4-9}$$

$$f_2^{-1} = 1 - VPD/VPD_c \tag{4-10}$$

$$f_3^{-1} = \frac{\dfrac{PAR}{PAR_c}\dfrac{2}{LAI} + \dfrac{r_{smin}}{r_{smax}}}{1 + \dfrac{PAR}{PAR_c}\dfrac{2}{LAI}} \tag{4-11}$$

$$f_4^{-1} = \begin{cases} 1 & (\theta \geqslant \theta_c) \\ \dfrac{\theta - \theta_w}{\theta_c - \theta_w} & (\theta_w \leqslant \theta \leqslant \theta_c) \\ 0 & (\theta \leqslant \theta_w) \end{cases} \tag{4-12}$$

式中，r_c 表示植被群落阻抗（s/m）；r_{smin} 表示最小气孔阻抗（s/m）；LAI 表示叶面积指数；f_1 表示温度影响函数；f_2 表示大气水蒸气压饱和差影响函数；f_3 表示光合作用有效辐射的影响函数；f_4 表示土壤含水率的影响函数；T_a 表示气温（℃）；VPD 表示饱和水蒸气压同实测值之间的差（kPa）；VPD_c 表示气孔闭合时的 VPD 值（大约等于 4kPa）；r_{smax} 表示最大气孔阻抗（5000s/m）；PAR 表示光合作用有效辐射（W/m^2）；PAR_c 表示 PAR 的临界值（高植被，30W/m^2；低植被，100W/m^2）；θ 表示根系层土壤含水率（如不加说明，本书所有土壤含水率均指体积含水率）；θ_w 表示植被凋萎时的土壤含水率；θ_c 表示饱和土壤含水率。

（2）蒸发蒸腾量

计算单元内的蒸发蒸腾量是五大类下垫面的蒸腾蒸发量通过面积加权平均计算获取的。计算公式如下：

$$E = F_1 E_1 + F_2 E_2 + F_3 E_3 + F_4 E_4 + F_5 E_5 \qquad (4-13)$$

式中，E 表示计算单元总蒸散发（mm）；下标 1~5 分别表示计算单元内水域（标号 1）、裸地–植被域（标号 2）、不透水域（标号 3）、灌溉农田域（标号 4）及非灌溉农田域（标号 5），以下统称为下垫面标号；E_x 表示标号为 x 的下垫面对应蒸散发（mm）；F_x 表示标号为 x 的下垫面在计算单元中的面积比例（小数，总和等于 1）。

水域蒸散发量（E_1）由 Penman 公式（Penman，1948）计算，同时也用于计算区域蒸发能力：

$$E_1 = \frac{(RN - G)\Delta + \rho_a C_p \delta_e / r_a}{\lambda(\Delta + \gamma)} \qquad (4-14)$$

$$\gamma = \frac{C_p P}{0.622\lambda} \qquad (4-15)$$

式中，RN 表示净辐射量（MJ/m^2）；G 表示传入水中的热通量（MJ/m^2）；Δ 表示饱和水汽压对温度的导数（kPa/℃）；ρ_a 表示空气密度（kg/m^3）；C_p 表示空气的定压比热 [J/(kg·℃)]；δ_e 表示实际水蒸气压与饱和水蒸气压的差值（kPa）；r_a 表示蒸发表面空气动力学阻抗（s/m）；λ 表示水的气化潜热（MJ/kg）；γ 表示空气湿度常数（kPa/℃）；P 表示大气压（kPa）。

裸地–植被域蒸散发（E_2）由 3 种下垫面（高植被、低植被和裸地）所有蒸散发分量累加所得：

$$E_2 = E_{i21} + E_{i22} + E_{tr21} + E_{tr22} + E_{i23} + E_{s23} \qquad (4-16)$$

式中，标号 21 表示裸地–植被域中高植被下垫面（主要是森林、城市树木）；标号 22 表示裸地–植被域中低植被下垫面（主要是草地）；标号 23 表示裸地–植被域中裸地下垫面；E_i 表示植被截留蒸散发，源自湿润叶面（mm）；E_{tr} 表示植被蒸腾量，源自干燥叶面（mm）；E_{i23} 表示裸地–植被域地表洼地储留蒸发，使用

式 (4-14) 计算（mm）；$E_{s_{23}}$ 表示裸地土壤蒸散发，源于土壤表层土壤水蒸发（mm）。

植被截留蒸散发量（E_i）使用 Noilhan-Planton 模型计算：

$$E_i = \mathrm{Veg}\delta E_p \tag{4-17}$$

$$\frac{\partial W_r}{\partial t} = \mathrm{Veg}P - E_i - R_r \tag{4-18}$$

$$R_r = \begin{cases} 0 & (W_r \leqslant W_{r_{max}}) \\ W_r - W_{r_{max}} & (W_r > W_{r_{max}}) \end{cases} \tag{4-19}$$

$$\delta = (W_r/W_{r_{max}})^{2/3} \tag{4-20}$$

$$W_{r_{max}} = 0.2\mathrm{VegLAI} \tag{4-21}$$

式中，Veg 表示裸地–植被域中植被的面积占计算单元的面积比例；δ 表示湿润叶面占植被叶面的面积比例；E_p 表示最大蒸发量，由式（4-14）计算（mm）；W_r 表示植被截留水量（mm）；$W_{r_{max}}$ 表示最大植被截留水量（mm）；P 表示降雨量（mm）；R_r 表示植被冠层流出水量，即超出最大植被截留水量的部分（mm）；LAI 表示叶面积指数。

植被蒸腾量（E_{tr}）一般使用 Penman-Monteith 公式（Monteith，1973）计算。由于 WEP-L 模型采用 3 层土壤进行水分运移模拟，且各层土壤含水率不一样，需要分层计算各层实际蒸腾吸水量，然后累加获取整个植被蒸腾量。植被各土壤层吸水比例采用雷志栋（1988）的根系吸水模型进行模拟。具体公式如下：

$$E_{tr} = E'_{tr_1}S_{r_1} + E'_{tr_2}S_{r_2} + E'_{tr_3}S_{r_3} \tag{4-22}$$

$$E'_{tr} = \mathrm{Veg}(1-\delta)E_{PM} \tag{4-23}$$

$$E_{PM} = \frac{(RN-G)\Delta + \rho_a C_p \delta_e/r_a}{\lambda[\Delta + \gamma(1+r_c/r_a)]} \tag{4-24}$$

$$S_r = 1.8\frac{z}{l_r} - 0.8\left(\frac{z}{l_r}\right)^2 \quad (0 \leqslant z \leqslant l_r) \tag{4-25}$$

式中，下标 1 表示上层土壤；下标 2 表示中层土壤；下标 3 表示下层土壤；E'_{tr} 表示在特定土壤含水率下所计算的实际植被蒸腾量（mm）；S_r 表示对应土壤层所吸取的水分占 E'_{tr} 的比例；E_{PM} 表示使用 Penman-Monteith 公式计算的植被最大蒸腾量（mm）；G 表示传入植物体内的热通量（MJ/m^2）；r_c 表示植物群落阻抗（s/m）；z 表示计算吸水层离地面的深度，一般等于累积土壤层厚度（m）；l_r 表示根系层厚度（m），一般 l_r 都位于 2~3 层土壤层内，对最下层土壤层确保 $\frac{z}{l_r} \leqslant 1$；其他参数意义同式（4-14）。

裸地土壤蒸散发量（$E_{s_{23}}$）由下述修正 Penman 公式（Jia and Tamai，1997）计算：

$$E_{s_{23}} = \frac{(\mathrm{RN} - G)\Delta + \rho_a C_p \delta_e / r_a}{\lambda(\Delta + \gamma/\beta)} \quad\quad (4\text{-}26)$$

$$\beta = \begin{cases} 0 & (\theta \leqslant \theta_m) \\ \dfrac{1}{4}\left[1 - \cos\left(\pi\,\dfrac{\theta - \theta_m}{\theta_{fc} - \theta_m}\right)\right]^2 & (\theta_m < \theta \leqslant \theta_{fc}) \\ 1 & (\theta \geqslant \theta_{fc}) \end{cases} \quad (4\text{-}27)$$

式中，β 表示土壤湿润函数或蒸发效率；θ 表示表层土壤体积含水率（体积百分数）；θ_m 表示土壤单分子吸力（1000~10 000 个大气压）对应的土壤体积含水率（体积百分数）；θ_{fc} 表示表层土壤田间持水率（体积百分数）；其他参数意义同式（4-14）。

不透水域蒸散发（E_3）由城市建筑、城市不透水地表和农村不透水地表蒸发累加获得：

$$E_3 = c_{31}E_{31} + c_{32}E_{32} + c_{33}E_{33} \quad\quad (4\text{-}28)$$

式中，c_{31}、c_{32}、c_{33} 分别表示城市建筑、城市不透水地表及农村不透水地表占整个不透水域的面积比例，且 $c_{31} + c_{32} + c_{33} = 1$；$E_{31}$、$E_{32}$、$E_{33}$ 分别表示城市建筑、城市不透水地表及农村不透水地表的蒸发能力（mm），由式（4-14）计算。

灌溉农田域蒸散发（E_4）和非灌溉农田域蒸散发（E_5）由对应区域的作物蒸腾及裸地蒸散发累加获得，计算公式如下：

$$E_4 = E_{i_{42}} + E_{tr_{42}} + E_{i_{43}} + E_{s_{43}} \quad\quad (4\text{-}29)$$

$$E_5 = E_{i_{52}} + E_{tr_{52}} + E_{i_{53}} + E_{s_{53}} \quad\quad (4\text{-}30)$$

式中，下标 42 表示灌溉农田域中的作物下垫面；下标 43 表示灌溉农田域的裸地下垫面；下标 52 表示非灌溉农田域中的作物下垫面；下标 53 表示非灌溉农田域的裸地下垫面，$E_{i_{x3}}$ 使用式（4-14）计算，其中 $x=4$ 或 5；$E_{i_{x2}}$ 使用式（4-17）计算，其中 $x=4$ 或 5；$E_{tr_{x2}}$ 使用式（4-22）计算，其中 $x=4$ 或 5；$E_{s_{x3}}$ 使用式（4-26）计算，其中 $x=4$ 或 5。

总体而言，以上所计算的蒸发蒸腾量均为理论值，实际蒸发蒸腾量需要根据下垫面实际水量而定，如果水量充足则使用计算值，否则按实际水量计算。

4. 入渗过程模拟

降雨入渗过程主要受非饱和土壤层土壤含水率及水分运动控制。除坡度很大的山坡外，降雨过程中，土壤水分垂向运动速率远大于水平运动，而降雨过后水平运动才逐渐变得重要起来，尤其是非饱和土壤层水分运动过程。因此，为提高模型模拟速率，WEP-L 模型将入渗过程划分成两种情况进行模拟，即暴雨期和非暴雨期，划分标准是日降雨量是否超过 10mm，其中，暴雨期采用 Green-Ampt

模型按小时进行模拟计算，只考虑土壤水的垂向运动，小时降雨量使用日降水降尺度获得；而非暴雨期，由于雨量相对较小，使用水量平衡原理进行日尺度模拟，考虑土壤水分垂向和水平向运动，土壤入渗能力按饱和导水系数计算。

Green-Ampt 模型假定在入渗过程中存在一个湿润锋将土壤层划分为上部饱和部分和下部非饱和部分，应用达西定律和水量平衡原理进行计算。最早由 Green 和 Ampt（1911）研究均质垂直土柱地表积水入渗规律时提出。Mein 和 Larson（1973）在 1973 年提出稳定降雨条件下的 Green-Ampt 入渗模型。Chu 又将模型扩展到非稳定降雨条件下的入渗计算。此外，Moore 和 Eigel（1981）提出稳定降雨条件下的两层土壤 Green-Ampt 模型。Jia 和 Tamai（1997）提出非稳定降雨条件下多层土壤入渗 Green-Ampt 模型。WEP-L 模型采用 Jia 和 Tamai 提出的多层非稳定降雨 Green-Ampt 模型进行模拟计算（图 4-1）。

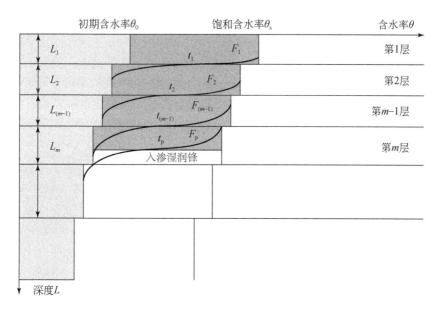

图 4-1　多层土壤 Green-Ampt 模型入渗示意图

当入渗峰到达第 m 层土壤时由下述公式计算土壤层入渗能力：

$$f = k_m \left(1 + \frac{A_{m-1}}{B_{m-1} + F}\right) \tag{4-31}$$

式中，f 表示入渗能力（mm/h）；A_{m-1} 表示上面 $m-1$ 层土壤层总共可容水量（mm）；B_{m-1} 表示上面 $m-1$ 层土壤层因各层土壤含水率不同而引起的误差（mm）；F 表示累积入渗量（mm）；k_m 表示第 m 层土壤层导水系数（mm/h）。

当湿润峰进入第 m 层时累积入渗量 F 计算视地表有无积水分不同情况计算。

如果自湿润峰进入第 $m-1$ 层土壤时地表面持续积水，则使用式（4-32）计算；如果前一时段地表无积水，当前时段地表开始积水，则使用式（4-33）计算。

$$F - F_{m-1} = k_m(t - t_{m-1}) + A_{m-1}\ln\left(\frac{A_{m-1} + B_{m-1} + F}{A_{m-1} + B_{m-1} + F_{m-1}}\right) \tag{4-32}$$

$$F - F_p = k_m(t - t_p) + A_{m-1}\ln\left(\frac{A_{m-1} + B_{m-1} + F}{A_{m-1} + B_{m-1} + F_p}\right) \tag{4-33}$$

$$A_{m-1} = \left(\sum_1^{m-1} L_i - \sum_1^{m-1} L_i k_m/k_i + SW_m\right)\Delta\theta_m \tag{4-34}$$

$$B_{m-1} = \left(\sum_1^{m-1} L_i k_m/k_i\right)\Delta\theta_m - \sum_1^{m-1} L_i\Delta\theta_i \tag{4-35}$$

$$F_{m-1} = \sum_1^{m-1} L_i\Delta\theta_i \tag{4-36}$$

$$F_p = A_{m-1}(I_p/k_m - 1) - B_{m-1} \tag{4-37}$$

$$t_p = t_{m-1} + (F_p - F_{m-1})/I_p \tag{4-38}$$

$$\Delta\theta_i = \theta_{si} - \theta_{i0} \tag{4-39}$$

式中，F_{m-1} 表示 $m-1$ 层累积入渗量（mm）；F_p 表示相对于当前时段地面开始积水时刻累积入渗量（mm）；m 表示目标入渗土壤层；A_{m-1} 表示上面 $m-1$ 层土壤层总共可容水量（mm）；B_{m-1} 表示上面 $m-1$ 层土壤层因各层土壤含水率不同而引起的误差（mm）；k_i 表示第 i 层土壤层导水系数（mm/d）；L_i 表示第 i 层土壤厚度（mm）；SW_m 表示第 m 层入渗湿润峰处的毛管吸引压所引起的入渗量（mm）；$\Delta\theta_i$ 表示第 i 层距离饱和含水率的差额；I_p 表示积水开始时的降雨强度（mm）；t 表示当前时刻（s）；t_p 表示当前时段地面开始积水的时间，不超过时段开始结束时间（s）；t_{m-1} 表示湿润峰位于 $m-1$ 层和 m 层交界面的时刻（s）；θ_{si} 表示第 i 层土壤饱和含水率；θ_{i0} 表示积水时刻初始土壤含水率。

5. 产流过程模拟

（1）产流机理

影响流域径流产生的主要因素可以概括为 5 种，即降雨、地表覆盖、地形特征、土壤类型及人类活动。根据土壤径流来源可以将流域径流划分成地表径流、壤中流及地下径流三种类型。其中，地表径流为经地表直接进入河道的部分；而壤中流则是地下水位以上包气带中重力自由水横向移动产生的部分；地下径流则是地下水补给产生的部分。地表径流和壤中流随降雨量呈波动变化，而地下径流比较稳定。

从径流产生方式来看又可分为超渗产流（霍顿坡面径流）、蓄满产流（饱和坡面径流）、回归流及基流。超渗产流是当降雨强度超过了土壤入渗能力时无法下渗的部分，多发生在渗透能力较低的土壤上（如干旱半干旱区域、城镇不透水域等）。蓄满产流是在降雨将土壤水蓄满后导致后续降水无法入渗而形成的径流，多发生在植被覆盖较好的湿润地区。回归流则是溢出地面且从地表汇入河道的壤中流。基流则是经土壤直接进入河道的地下径流（图4-2）。区分超渗产流和蓄满产流的关键在于判别降雨强度同土壤入渗能力之间的大小，前者产生过程中土壤水由上而下逐渐饱和，而后者由下而上逐渐饱和。蓄满产流和回归流的区别在于，蓄满产流是因土壤水饱和而无法下渗的降水，而回归流则是因土壤水饱和而溢出的土壤水。

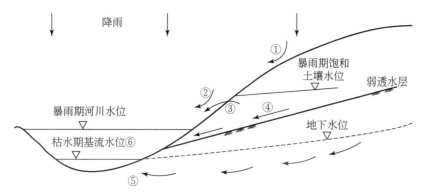

① 超渗产流 ② 蓄满产流 ③ 回归流 ④ 壤中流 ⑤ 基流 ⑥ 河川径流

图4-2 山坡径流示意图

由于山坡地形及土壤特性的差异性，同一个山坡上不会只有一种产流方式。一般而言，山坡上部以超渗产流为主，山坡底部则以蓄满产流、回归流为主。且不同产流机理之间可以相互转化，如在超渗产流区域，当土壤水饱和后则自动转换成蓄满产流。因此，流域产流模拟过程需要综合考虑各种产流机制（即混合产流）。根据芮孝芳（2004）的《水文学原理》，不同产流机制具有内在的统一性，即任何一种径流都是在两种不同透水性物质的界面上产生的，且上层介质透水性大于下层介质的透水性。简单而言，就是因介质透水能力差异（下层介质无法完全处理上层介质传导而来的水量），导致部分水量（雨水或土壤水）积聚在界面，进而在重力作用下产生水平运动而形成的。单独对界面而言，积聚的水量完全取决于界面上下介质透水性能的差异，因此，可以认为所有径流都是由"超渗"作用引起的。

实际计算产流量时，还需考虑储留量的影响，即满足储留能力后，剩余的自由重力水才是最终产流量，因此，统一的界面产流公式如下：

$$H_2 - H_1 = In - Out - R \quad (H_2 \leq H_{max}) \tag{4-40}$$

式中，R 表示积聚在山坡某土壤层界面上的自由重力水（mm）；H_1 表示产流前界面储留深（mm）；H_2 表示产流后界面储留深（mm）；H_{max} 表示界面最大储留深（mm）；In 表示经上层土壤传导到界面的自由重力水（mm）；Out 表示经下层土壤传导出界面的自由重力水（mm）。根据产流界面的不同，储留又可分为植被冠层截留量、洼地储留量等。对地面产流而言，In 表示降水量。如果下层土壤水饱和，且存在一定消耗量（如蒸发、地下径流等），则 Out 等于消耗量，如果没有消耗量则 Out 等于0。

（2）地表径流模拟

根据以上分析，地表径流主要有两个来源，即降水（超渗产流或蓄满产流）及土壤水（回归流）。本节介绍的地表径流主要指直接来自降水的产流量。WEP-L 模型中根据降雨强度将地表径流过程划分成两种情况，即暴雨期产流和非暴雨期产流。

暴雨期认为土壤水主要是垂直下渗运动，忽略土壤水的水平运动，使用超渗产流公式计算，公式如下。

$$H_2 - H_1 = P - E - F - R_{surf} \tag{4-41}$$

$$R_{surf} = \begin{cases} 0 & H_2 \leq H_{max} \\ H_2 - H_{max} & H_2 > H_{max} \end{cases} \tag{4-42}$$

式中，R_{surf} 表示暴雨期地表径流深（mm）；H_1 表示时段初洼地储留深（mm）；H_2 表示时段末洼地储留深（mm）；H_{max} 表示最大洼地储留深（mm）；F 表示 Green-Ampt 模型计算的累积入渗量（mm）；P 表示降雨（mm）；E 表示蒸散发（mm）。

非暴雨期，根据水量平衡原理综合考虑各层土壤的垂向及水平向的土壤水分运动，使用蓄满产流计算，公式如下。

1）地表洼地储留层。

$$H_2 - H_1 = P(1 - Veg_1 - Veg_2) + Veg_1 Rr_1 + Veg_2 Rr_2 - E_0 - Q_0 - R_{surf} \tag{4-43}$$

$$R_{surf} = \begin{cases} 0 & H_2 \leq H_{max} \\ H_2 - H_{max} & H_2 > H_{max} \end{cases} \tag{4-44}$$

2）土壤表层。

$$\frac{\partial \theta_1}{\partial t} = \frac{1}{d_1}(Q_0 + QD_{1,2} - Q_1 - R_{sub,1} - E_s - E_{tr_1,1} - E_{tr_2,1}) \tag{4-45}$$

3）土壤中层。

$$\frac{\partial \theta_2}{\partial t} = \frac{1}{d_2}(Q_1 + QD_{2,3} - QD_{1,2} - Q_2 - R_{sub,2} - E_{tr_1,2} - E_{tr_2,2}) \tag{4-46}$$

4）土壤底层。

$$\frac{\partial \theta_3}{\partial t} = \frac{1}{d_3}(Q_2 - \mathrm{QD}_{2,3} - Q_3 - R_{\mathrm{sub},3} - E_{\mathrm{tr}_{1,3}}) \quad (4\text{-}47)$$

5）中间参数。

$$Q_j = k_j(\theta_j) = K_{sj}\left(\frac{\theta_j - \theta_{rj}}{\theta_{sj} - \theta_{rj}}\right)^n \quad (j = 1,\ 3) \quad (4\text{-}48)$$

$$Q_0 = \min\{k_1(\theta_{s1}),\ W_{1\ \max} - W_{10} - Q_1\} \quad (4\text{-}49)$$

$$\mathrm{QD}_{j,\ j+1} = \bar{k}_{j,\ j+1}\frac{\psi_j(\theta_j) - \psi_{j+1}(\theta_{j+1})}{(d_j + d_{j+1})/2} \quad (j = 1,\ 2) \quad (4\text{-}50)$$

$$\bar{k}_{j,\ j+1} = \frac{d_j k_j(\theta_j) + d_{j+1}k_{j+1}(\theta_{j+1})}{d_j + d_{j+1}} \quad (j = 1,\ 2) \quad (4\text{-}51)$$

式中，R_{surf} 表示非暴雨期地表径流深（mm）；H_1 表示时段初洼地储留深（mm）；H_2 表示时段末洼地储留深（mm）；$H_{\max}$ 表示最大洼地储留深（mm）；P 表示降雨（mm）；Veg_1、Veg_2 表示高植被和低植被的植被覆盖度（灌溉、非灌溉农田域不考虑 Veg_1）；Rr_1、Rr_2 表示从高植被和低植被的叶面流向地表面的水量（灌溉、非灌溉农田域不考虑 Rr_1）（mm）；Q_j 表示第 j 层土壤重力排水量，其中 Q_0 表示地表入渗量（mm）；$\mathrm{QD}_{j,\ j+1}$ 表示吸引压引起的第 j 层和 $j+1$ 层之间的土壤水分扩散量（mm）；E_0 表示洼地储留蒸发（mm）；E_s 表示土壤表层蒸发量（mm）；$E_{\mathrm{tr}_{x,y}}$ 表示植被蒸腾量，其中 x 表示植被类型（1 表示高植被、2 表示低植被），y 表示土壤层（模型认为低植被根系无法深入第 3 层）；$R_{\mathrm{sub},\ j}$ 表示第 j 层土壤层壤中流（mm）；d_j 表示第 j 层土壤层厚度（mm）；$k_j(\theta_j)$ 表示第 j 层土壤层体积含水率 θ_j 对应的土壤导水系数（mm/d）；K_{sj} 表示第 j 层饱和导水系数（mm/d）；θ_j 表示第 j 层土壤含水率；θ_{sj} 表示第 j 层饱和含水率；θ_{rj} 表示第 j 层残留含水率；$\psi_j(\theta_j)$ 表示第 j 层土壤层体积含水率 θ_j 对应的土壤吸引压（kPa）；W_{10} 表示表层土壤的初期蓄水量（mm）；$W_{1\ \max}$ 表示表层土壤最大蓄水量（mm）；n 表示 Mualem 常数。

由于城市管网的作用，城市地区不透水面的汇流过程不同于自然水循环过程。将城市不透水域和农村不透水域分开考虑，是对原有 WEP-L 模型不透水域汇流过程的改进，主要用以模拟城市化影响（图 4-3）。其中，农村地表不透水面产流量通过坡面汇流流入河道，而城市不透水面产流量则分成两部分，一部分通过城市管网直接排入河道，另一部分通过雨水回用进入社会水循环，采用雨水资源化系数加以分配。

（3）壤中流模拟

壤中流是土壤非饱和带的自由重力水，即超过田间持水率的部分，在重力影响下，沿水平方向流动产生的。一般情况下，自由重力水垂直方向运动速率要远大于水平方向，因此，壤中流一般在靠近河道的地区产生，且以地下水位线作为

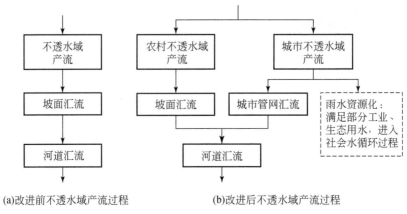

(a)改进前不透水域产流过程　　　　　(b)改进后不透水域产流过程

图4-3　不透水域汇流过程改进

产流界面。模型中认为，有河道存在的计算单元才进行壤中流计算，公式如下：

$$R_{\text{sub}} = 2k(\theta)\sin(\text{slope})dL/A \tag{4-52}$$

式中，R_{sub} 表示计算单元壤中流产流深（mm）；$k(\theta)$ 表示体积含水率为 θ 的土壤层对应的沿山坡方向的土壤导水系数（mm/d），由式（4-48）计算；slope 表示地面坡度；L 表示计算单元内河道长度（m）；d 表示不饱和土壤层厚度（m）；A 表示计算单元面积（m²）；系数"2"表示对一条河道而言，两个沿岸产流。此外，该公式仅计算一层土壤壤中流产流量，整个计算单元壤中流等于 3 层土壤层之和。

（4）地下水运动模拟

地下水运动。模型中地下水位以上土壤层主要细分为四层，包含三层根系土壤层，以及第三层土壤层和地下水位之间的过渡带。地下水运动相关计算公式如下。

浅层（无压层）地下水运动方程：

$$C\frac{\partial h}{\partial t} = \frac{\partial}{\partial x}\left[k(h-z)\frac{\partial h}{\partial x}\right] + \frac{\partial}{\partial y}\left[k(h-z)\frac{\partial h}{\partial y}\right] + (Q_4 + \text{WUL} - \text{RG} - E - \text{Per} - \text{GWP}) \tag{4-53}$$

承压层地下水运动方程：

$$C_1\frac{\partial h_1}{\partial t} = \frac{\partial}{\partial x}\left(k_1 D_1 \frac{\partial h_1}{\partial x}\right) + \frac{\partial}{\partial y}\left(k_1 D_1 \frac{\partial h_1}{\partial y}\right) + (\text{Per} - \text{RG}_1 - \text{Per}_1 - \text{GWP}_1) \tag{4-54}$$

式中，无下标的表示潜水层；下标 1 表示承压层；h 表示地下水位（潜水层，m）或水头（承压层，m）；E 表示蒸发蒸腾量（m）；D_1 表示承压层厚度（m）；RG

表示地下水出流量（m）；C 表示储留系数；k 表示导水系数（m/d）；z 表示潜水层底部高程（m）；WUL 为管道输水渗漏量（m）；GWP 表示地下水开采量（m）；Q_4 表示来自不饱和土壤层（即第 3 层和地下水位之间的土层）的渗透量（m）；Per 表示深层渗漏量（m）。

地下水河道交换量。依据河道水位和地下水位高低关系，分两种情况计算地下水河道交换量：①当地下水位高于河道水位时，表示地下水补给河道，即地下径流；②当地下水位低于河道水位时，表示河道补给地下水，即河道渗漏，计算公式如下：

$$RG = \begin{cases} k_b A_b (h_u - H_r)/d_b & h_u \geqslant H_r \\ -k_b A_b & h_u < H_r \end{cases} \tag{4-55}$$

式中，k_b 表示河床土壤导水系数（mm/d）；A_b 表示计算单元内河床浸润面积（m^2）；d_b 表示河床土壤厚度（m）；h_u 表示地下水位高程（m）；H_r 表示河川水位高程（m）。可见，地下水和河川水之间的交换是相互的，当地下水位较高时由地下水向河道补水，反之则由河道向地下水补给（图 4-4）。

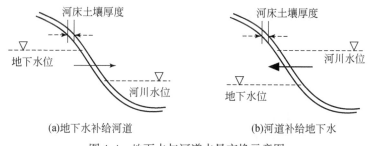

(a)地下水补给河道　　　　　　　(b)河道补给地下水

图 4-4　地下水与河道水量交换示意图

地下水溢出。对各计算单元，入渗水量经中途消耗后最终进入地下水。如果地下水位上升且超过地表，则设定地下水位等于地表高程，超出部分就是地下水溢出，即回归流。一般情况下，地下水溢出位于最低的几个等高带上，随着地下水位的变动，地下水溢出的面积也相应变化，从而可以有效模拟变化源区产流过程。

6. 汇流过程模拟

汇流过程主要包括坡面汇流及河道汇流。汇流过程采用 6h 时间步长进行模拟演算。坡面汇流按等高带从最高等高带逐个模拟到最低等高带，最终汇入河道进行河道汇流模拟。WEP-L 模型采用运动波方程进行坡面、河道汇流模拟，公式如下：

$$\frac{\partial A}{\partial t} + \frac{\partial Q}{\partial x} = q_L \quad \text{（连续方程）} \tag{4-56}$$

$$S_f = S_0 \quad \text{（运动方程）} \tag{4-57}$$

$$Q = \frac{A}{n} R^{2/3} S_0^{1/2} \quad \text{（Manning 公式）} \tag{4-58}$$

式中，Q 表示过流断面流量（m³/s）；A 表示过流断面面积（m²）；q_L 表示单宽入流量（计算单元或河道所有流入的水量）[m³/(s·m)]；S_f 表示摩擦坡降 [比例系数，$\tan(\alpha)$，α 表示坡面和水平面的夹角]；S_0 表示计算单元平均地面坡降或河道坡降（比例系数）；R 表示过流断面水力半径（m）；n 表示 Manning 糙率系数；t 表示时间（s）；x 表示水流的运动位移（m）。

坡面汇流将整个计算单元概化成一个矩形平板，以计算单元宽为坡面汇流路径长度。坡面汇流过流断面是矩形，长度等于计算单元长度，将计算单元内所有径流量（本地产流量、上游流入量）均摊到整个矩形平板上，使用运动波进行坡面汇流演算。由于城市下垫面产流经城市管网排入河道中，模拟过程中认为城市下垫面产流直接进入河道而不进行坡面汇流处理。河道汇流断面采用倒等腰梯形进行模拟，梯形参数由流域相关断面资料统计拟合，最终使用汇流面积估算所得。

7. 积雪融雪过程模拟

WEP-L 模型采用"温度指标法"（又称"度日因子法"）模拟计算单元的积雪融雪过程。积雪融雪计算在产流过程之前进行，通过气温、初始积雪量决定是否进行该过程，计算公式如下：

$$SM = M_f(T_a - T_0) \tag{4-59}$$

$$\frac{dS}{dt} = SW - SM - E \tag{4-60}$$

式中，SM 表示当日融雪量（mm/d）；S 表示当日积雪量（mm）；T_0 表示积雪融化临界温度（℃，一般取0℃）；T_a 表示平均气温（℃）；E 表示积雪升华量（mm）；M_f 表示积雪融化系数 [mm/(℃·d)]；SW 表示降雪水当量（mm）。

4.1.3　能量循环过程模拟

能量循环同蒸发蒸腾过程密切相关，是整个系统蒸发蒸腾的主要驱动因子，WEP-L 模型比较详细地模拟了地面–大气之间的能量循环过程，使用日照时数进行日短波辐射量推算，根据黑体辐射原理计算长波辐射。能量平衡方程如下：

$$RN + Ae = LE + H + G \tag{4-61}$$

$$RN = RS - \alpha RS + RLN \tag{4-62}$$

式中，RN 表示净辐射量（MJ/m²）；Ae 表示人工排热量（MJ/m²）；LE 表示潜热通量（MJ/m²）；H 表示显热通量（MJ/m²）；G 表示进入地中的热通量（MJ/m²）；α 表示短波反射率；RS 表示到达地表的短波辐射量（MJ/m²）；RLN 表示长波净辐射（MJ/m²）。

短波辐射量计算：

$$RS = RS_0\left(a_s + b_s\frac{n}{N}\right) \tag{4-63}$$

$$RS_0 = 38.5d_r(\omega_s\sin\phi\sin\delta + \cos\phi\cos\delta\sin\omega_s) \tag{4-64}$$

$$d_r = 1 + 0.33\cos\left(\frac{2\pi}{365}J\right) \tag{4-65}$$

$$\omega_s = \arccos(-\tan\phi\tan\delta) \tag{4-66}$$

$$\delta = 0.4093\sin\left(\frac{2\pi}{365}J - 1.405\right) \tag{4-67}$$

$$N = \frac{24}{\pi}\omega_s \tag{4-68}$$

式中，RS_0 表示大气层外短波辐射量 [MJ/(m²·d)]；a_s 表示短波辐射扩散常数（默认取 0.25）；b_s 表示短波辐射直达常数（默认取 0.5）；n 表示当日实际日照时数（h）；N 表示当日可能日照时数（h）；ϕ 表示观测点的维度（其中北半球为正值、南半球为负值）；ω_s 表示日落时太阳时角；δ 表示太阳倾角；d_r 表示日地之间的相对距离（相对日地距离，比例）；J 表示 Julian 日数（从 1 月 1 号数起）。

长波净辐射计算：

$$RLN = -f\varepsilon\sigma(T_a + 273.2)^4 \tag{4-69}$$

$$f = a_L + b_L\frac{n}{N} \tag{4-70}$$

$$\varepsilon = -0.02 + 0.261 \times \exp(-7.77 \times 10^{-4}T_a^2) \tag{4-71}$$

式中，RLN 表示长波净辐射量 [MJ/(m²·d)]；f 表示云层影响因子；ε 表示大气与地表面之间的净辐射率；σ 表示 Stefan-Boltzmann 常数 [4.903×10⁻⁹ MJ/(m²·K⁴·d)]；T_a 表示日平均气温（℃）；n 表示实际日照时数（h）；N 表示可能日照时数（h）；a_L 表示扩散短波辐射量常数（默认取值 0.25）；b_L 表示直达短波辐射量常数（默认取值 0.5）。

潜热通量计算：

$$LE = \ell \cdot E \tag{4-72}$$

$$\ell = 2.501 - 0.002\,361\,T_s \tag{4-73}$$

式中，LE 表示潜热通量（MJ/m^2）；ℓ 表示潜热通量系数，即单位水量蒸发所需能量 $[MJ/(m^2 \cdot mm)]$；T_s 表示地表面温度（℃）；E 表示蒸发蒸腾量（mm）。

地中的热通量（G）计算：

$$d_0 = \sqrt{2\frac{k_h}{c_h}\omega} \qquad (4\text{-}74)$$

$$G = c_h d_0 (t_2 - t_1)\, 10^{-6} \qquad (4\text{-}75)$$

$$\omega = \frac{2\pi}{86\,400} \qquad (4\text{-}76)$$

其中，d_0 表示温度的日变化影响土壤深（m）；k_h 表示土壤热传导系数 $[W/(m \cdot K)]$；c_h 表示土壤热容量系数 $[MJ/(m^3 \cdot K)]$；ω 表示转换系数；t_1 表示地面温度（模型中采用昨日平均气温代替,℃）；t_2 表示表层土壤底部的温度（模型中采用当日平均气温代替,℃）。

人工排热根据土地利用类型及不同下垫面能量消耗统计数据进行估算。根据式（4-61）计算显热通量。

4.1.4 流域泥沙过程模拟

流域泥沙过程与流域产汇流过程联系紧密。从水循环的角度看，伴随着降雨、坡面产汇流和河道汇流过程：降雨经过大气蒸发和植被的截留等过程，降落在地面上，雨滴对土壤的击溅，使得地面土壤颗粒发生位移，雨滴溅蚀发生。随着降雨的进一步进行，地表土壤饱和或者降雨强度大于入渗速度后，地面会逐渐形成薄层水流。水流在重力作用下随地形等因素的作用发生流动，从而对地面产生剥蚀，依据剥蚀面积的大小分为面蚀和片蚀。由于土壤、地形、地表覆被的作用，以及侵蚀的进一步发生对微地形的改造，水流逐渐汇集成细小的股流，进而发生细沟侵蚀。随着汇流的进一步进行，侵蚀沟的规模迅速变大，出现股流侵蚀。特别是在农耕坡地上，由于股流侵蚀的进一步加强出现浅沟侵蚀。在浅沟侵蚀区以下至沟底是以切沟侵蚀为主要形态的沟坡侵蚀区。随着汇流过程的进行，含沙水流从坡面进入沟道，进而汇入河道，从而完成流域输沙过程。

本研究结合 WEP-L 模型的特性，将流域分为坡面和河（沟）道两种典型的地貌类型单元进行流域泥沙过程模拟模型构建。

1. 基于过程的坡面侵蚀模拟

坡面水沙过程的模拟是基于物理机制分布式水沙耦合模型的基础。从侵蚀动力学角度，黄土区坡面典型水沙过程主要包括雨滴溅蚀过程、薄层水流侵蚀过程、股流侵蚀过程和重力侵蚀过程。其中，面（片）蚀和细沟侵蚀适用于薄层水流侵蚀模拟，浅沟侵蚀和切沟侵蚀适用于股流侵蚀。目前对雨滴溅蚀和薄层水流侵蚀过程的模拟研究已经较为成熟，而对股流侵蚀和重力侵蚀过程的机理描述尚不完善。下面将对本研究中采用的雨滴溅蚀和薄层水流侵蚀过程模拟的理论基础进行介绍。同时为了建立完善的坡面水沙过程模拟模型，对股流侵蚀过程和重力侵蚀过程在物理图景概化的基础上，通过试验研究建立了基于物理机制的模拟子模型。

（1）雨滴溅蚀模拟

雨滴溅蚀主要受降雨强度、雨滴直径、终点速度、地面坡度、地面覆被类型、土壤特性、坡面径流、风速、风向等因素的影响，随着降雨的进行，土壤表层物理特性也会改变。其中，降雨动能是影响雨滴溅蚀的驱动因子，对降雨的力学特性进行研究，是认识溅蚀机理及坡面水力学特性的基础。对降雨侵蚀特性的研究包括反映雨滴重力特性的雨滴大小及其组成、反映动力性质的雨滴降落终速、雨滴动能等研究。

天然降雨是由各种大小不同的雨滴组成的，雨滴直径一般小于 6mm，超过 6mm 的雨滴由于空气等的影响，总要分散成较小的雨滴。雨滴愈大，其具有的动能就愈大，对土壤侵蚀的作用也愈强烈。大量的观测资料表明，天然降雨雨滴直径决定于降雨成因，对一定的雨型，雨滴大小组成随降雨强度而变化。一般来说，降雨强度大，雨滴直径也大。从这一点也可说明较大降雨强度的降雨具有较大的降雨侵蚀力。雨滴在降落过程中，受到重力和空气阻力的共同作用，当这两种力达到平衡时，雨滴以均匀速度降落，这一速度称为雨滴终速，雨滴降落速度的大小反映了雨滴动能的大小，从而也反映了雨滴对土壤侵蚀作用的强弱。影响雨滴终速的因素很多，但根据雨滴终速的研究成果来看，雨滴终速均与雨滴直径呈正相关关系，结合雨滴直径与降雨强度的关系，可以认为雨滴终速与降雨强度具有较为密切的联系。从以上分析得出，降雨强度的大小能够反映出降雨动能的大小，这也是用降雨强度表征降雨动能及降雨侵蚀力的理论基础。

对土壤性质基本一致的流域，影响降雨溅蚀的主要因素为降雨动能、地表坡度。本研究假定雨滴溅蚀发生在整个计算单元上。计算单元内依据土地利用的不同，分别给出相对于裸地的衰减系数。其中，对裸地雨滴溅蚀的计算选取适合于黄土地区，且综合考虑降雨及坡度的模型——吴普特模型（吴普特和周佩华，1991）进行溅蚀计算：

$$D_1 = k_1 (EI)^{\alpha_1} J_1^{\beta_1} \tag{4-77}$$

式中，D_1 为雨滴击溅侵蚀量（g/m²）；E 为降雨动能（J/m²）；I 为降雨强度（mm/

min）；J_1 为地表坡度（°）；k_1、α_1、β_1 为经验参数。

对式（4-77）中降雨动能 E 的计算，采用江善忠等（1983）建立的适用于黄土高原丘陵沟壑区的公式：

$$E_W = k'_1 I^{\alpha'_i} \tag{4-78}$$

式中，E_W 为单位降雨动能 ［J/（$m^2 \cdot mm$）］；I 为降雨强度（mm/min）；k'_1、α'_1 为经验参数。

汤立群（1995）研究表明，雨滴溅蚀与水深呈负相关关系，当水深大于雨滴直径 3 倍以上时，本研究中取水深大于 0.6cm 时，雨滴溅蚀作用消失。

由于雨滴打击作用，薄层水流的侵蚀能力将得到加强。由雨滴溅蚀增加的土壤侵蚀输沙能力计算公式为

$$q_{s1} = k_2 I^{\alpha_2} J_1^{\beta_2} \tag{4-79}$$

式中，q_{s1} 为单宽流量输沙能力（kg/m^2）；k_2、α_2、β_2 为经验参数；其他参数意义同式（4-77）、式（4-78）。

（2）薄层水流侵蚀模拟

坡面上土壤侵蚀产沙是由于坡面上的径流在顺坡流动的过程中，径流冲刷作用和坡面抗蚀作用及地面物质补充能力之间相互对比协调的结果。径流冲刷能力决定于径流本身所具有的能量及含沙量，其主要影响因素有径流量、地表状况和坡度等。坡面上结合紧密的土壤颗粒由静止到起动再最终通过径流的输移作用而输出坡面主要要经历如下三个阶段：第一阶段是通过径流产生的沿坡面的剪切力使土粒之间的黏结力破坏，使土粒由有序变为松散。第二阶段是克服土粒与土粒或土粒与地表之间的摩擦力使土粒起动。在此阶段径流要分离携带走土粒必须首先克服土粒之间的相互作用力。径流恰好克服土粒间作用力时的剪切力称为临界剪切力。只有径流超过临界剪切力部分的剪切力才真正对分离土壤起作用，径流的分离能力应该是大于临界剪切力部分的水流切应力，称为有效剪切力。坡面薄层水流的分离能力与径流有效剪切力成正比。第三阶段是径流克服输移泥沙时的内部混掺耗能作用而将泥沙带出坡面。因此，坡面上土粒的起动首先取决于径流冲刷能够分散的土粒大小和数量，即为起动提供的松散物情况，而这决定于土粒之间的黏结力与水流产生的剪切力的对比关系。只有水流作用于土粒的剪切力大于土粒的黏结强度时，土粒之间的黏结力才可能遭到破坏进入起动阶段。土粒起动后在被径流输移的过程中由于含沙量和径流能量状态的改变，来沙量将可能超过径流的输移能力，泥沙便会沉积。泥沙沉积后，径流的含沙量减少，将可能小于其输移能力，此时径流有多余的能量剥离土壤，便再次发生土壤分离输移现象。这是一个循环往复的过程，主要取决于径流用于剥离和输移土壤的能量的相互消长转化作用。

　　本研究采用 Foster 和 Meyer 于 1972 年提出的关系式描述薄层水流土壤分离速率与输沙率之间的关系。该关系式被 Nearing 用于 WEPP 模型，且经 Nearing 等（2005）、柳玉梅等（2009）试验验证这一假定符合黄土区薄层水流侵蚀过程规律。具体水流剥离土壤颗粒的能力如式（4-80）所示，薄层水流土壤分离速率与输沙率之间的关系如式（4-81）所示，对水流挟沙能力计算公式如式（4-82）所示：

$$D_c = k_3(\tau_f - \tau_c) \tag{4-80}$$

$$D_r = D_c\left(1 - \frac{qc}{T_c}\right) \tag{4-81}$$

$$T_c = k_4\tau_f^{\alpha_4} \tag{4-82}$$

式中，D_c 为水流剥离土壤速率 $[kg/(m^2 \cdot s)]$；k_3 为土壤的可蚀性参数（1/s）；τ_f 为水流对土壤颗粒的剪切强度（kg/m^2）；τ_c 为土壤的临界抗剪切强度（kg/m^2）；D_r 为细沟水流剥蚀率 $[kg/(m^2 \cdot s)]$；q 为单宽流量（m^2/s）；c 为水流泥沙含量（kg/m^3）；T_c 为水流挟沙能力；k_4、α_4 为经验常数，其中 α_4 取 0.67。

（3）股流侵蚀过程模拟

　　股流侵蚀过程中的水流剪切力已经大大超出土壤的抗侵蚀能力，其对土壤的剥蚀过程主要受水流含沙量和挟沙能力控制，这一动态过程由式（4-81）描述。然而，黄土的易蚀性和地形坡度较大等特点，使得股流挟沙能力特性与薄层水流相比，存在较大的差异：首先，水流的基本水动力学特性已经有较大变化，特别是水流的剪切力已大大超过土壤颗粒的抗剪能力；其次，侵蚀水流过程一般为高含沙水流。股流侵蚀区位于陡坡区，汇流过程强烈、重力侵蚀等对水沙过程的影响较大。

　　侵蚀过程的水动力学研究是进行侵蚀过程模拟的基础，目前用于薄层水流侵蚀过程描述的水动力学参数包括雷诺数 Re、弗劳德数 Fr、流速、水流单宽流量、水流剪切力、单位水流功率、水流功率等众多参数。其中，决定泥沙运动的水流强度指标一般可分为切应力、流速、功率三类（黄才安和杨志达，2003），切应力类水流强度指标有多种具体的形式。早期的输沙公式多利用总切应力作为水流强度指标，如认为只有沙粒切应力才对推移质泥沙运动起作用（钱宁和万兆惠，1983），也有学者在此基础上研究认为，切应力对悬移质运动的作用也是如此（Swamee and Ojha，1991）。流速类水流强度指标也存在多种形式，在实际问题中用得较多的是平均流速。弗劳德数 Fr 也是将平均流速经一定水深校正的水流强度指标，一些研究者利用弗劳德数 Fr 来研究输沙强度（Vannoni，1978）。功率类水流强度指标主要有单位面积水体水流功率（简称水流功率）和单位重量水流功率（简称单位水流功率）两种（Bagnold，1966；Yang，1996）。

　　近年来，黄才安和杨志达（2003）利用大量的实验室水槽和天然河道输沙资料，研究了不同水流强度指标与泥沙输沙强度的相关关系。认为水流功率、平均流速、沙粒切应力能较好地预测输沙率，而单位水流功率、弗劳德数 Fr 则能较好地预测输沙浓度，并且单位水流功率与输沙浓度的关系最佳。何小武等（2003）利用变坡水槽试验测试了土壤分离速率与坡度和流量的关系，通过与水流剪切力、水流功率和单位水流功率三种水动力参数的比较，认为上述三个水力参数之间，水流功率是描述土壤分离速率的最好参数。

在黄土高原地区，黄土高原的股流侵蚀主要表现为浅沟侵蚀和切沟侵蚀。由于黄土高原地区侵蚀性降雨每年只有 6 ~ 8 次，发生区域干旱少雨且交通不便，野外观测和模拟降雨试验较为困难，目前针对黄土区股流侵蚀过程的水流挟沙能力研究还不多见。特别是浅沟侵蚀，是自然侵蚀过程与人类活动综合作用下发生在坡耕地的一种典型股流侵蚀类型。与切沟相比，浅沟侵蚀区土壤抗蚀能力受一年一度的人类活动扰动，抗蚀能力较差，侵蚀过程中的侵蚀耗能较少；同时其独特的"瓦背状"汇流结构对坡面径流汇集有促进作用。因此，浅沟侵蚀过程对黄土区股流侵蚀挟沙能力研究具有典型性。

模型中采用式（4-81）进行股流侵蚀过程中水流含沙量计算。同时根据物质守恒原理应用式（4-83）进行股流侵蚀量计算。即可以认为股流侵蚀量等于其股流侵蚀挟沙能力与上游汇入泥沙速率的差值，用公式表示为

$$\frac{\mathrm{d}D_E}{\mathrm{d}t} = Q_E T_{SE} - D_r \tag{4-83}$$

式中，D_E 为股流侵蚀量；Q_E 为流量；T_{SE} 为股流侵蚀挟沙能力；D_r 为上游来沙量。

本节利用试验数据对浅沟水流的挟沙能力进行了研究，并通过物质平衡概念给出了浅沟侵蚀量计算方法，综合浅沟发生的地形条件和沟槽特征假定，从而实现基于水动力学过程的浅沟侵蚀过程模拟。

（4）重力侵蚀过程模拟

作者基于野外考察、试验观测及文献分析发现：首先，不同类型的重力侵蚀在不同类型地貌上发生的频率差异较大，其中，滑坡在侵蚀下切剧烈的小型侵蚀沟及大型侵蚀沟的沟头位置发生频繁，泻溜多发生在坡度较大的沟坡区，冻融侵蚀则多发生在黄土直立面上，且多在冬季发生；其次，不同尺度的重力侵蚀对流域水沙过程的贡献和影响差异较大，表现为在小型侵蚀沟壁等位置发生的小型重力侵蚀，由于基本与产流过程同步，侵蚀土体输移比接近于1，大型重力侵蚀往往相对于径流过程滞后，侵蚀土体输移比较小。因此，重力侵蚀发生的规模和尺度虽然千差万别，但其对流域产沙量的贡献主要取决于水流挟沙能力，而黄土高原水沙过程中本底含沙量较大，使得坡面重力侵蚀对流域产沙具有重大贡献。

基于上述分析，对坡面侵蚀过程模拟必须考虑不同尺度重力侵蚀对坡面水沙

过程的影响。该影响主要表现为伴随着细沟—浅沟—切沟侵蚀过程的进行，不同尺度的重力侵蚀促使地表水流的含沙量接近其挟沙能力。为此概化出以下物理图景进行重力侵蚀模拟，即重力侵蚀主要发生在坡面地表曲率发生急剧改变的地方。在降雨的过程中，这些地方由于降雨入渗，土壤含水量越来越大，单位土体重量不断增大。同时，由于含水量的增大，土壤的抗剪强度不断减小。这样当土体向下的滑动力大于其抗剪强度时，就会发生重力侵蚀。而重力侵蚀对坡面泥沙的贡献则取决于水流挟沙能力。

坡面水沙过程中的重力侵蚀，其影响因素相对单一。对坡面坡度大于黄土天然休止角的土体，其是否发生重力侵蚀取决于单位长度土体滑动面的下滑剪切力 τ_{Gx} 与临界抗剪强度 τ_c 之间的大小关系。当 $\tau_{Gx} > \tau_c$ 时，重力侵蚀发生。如图 4-5 所示，单位长度土体下滑剪切力可用下式计算：

$$\tau_{Gx} = \frac{Gx}{\Delta h / \sin\theta} = \frac{G \sin^2\theta}{\Delta h} = \frac{1}{4}\Delta h \gamma'_s \sin 2\theta \qquad (4-84)$$

式中，Gx 为单位长度土体沿剪切面的重力分力；G 为单位长度土体重力；Δh 为发生重力侵蚀土体深度，细沟沟坡取 0.1m，浅沟沟坡取 0.5m，切沟沟坡取 10m；θ 为黄土天然休止角；γ'_s 为土壤湿容重。

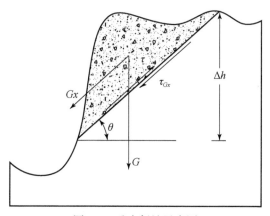

图 4-5 重力侵蚀示意图

重力侵蚀量 V_g 计算公式为

$$V_g = \begin{cases} 0 & \tau_{Gx} \leqslant \tau_c \\ \dfrac{k_6 L_{gully} \Delta h^2}{2\tan\theta} & \tau_{Gx} > \tau_c \end{cases} \qquad (4-85)$$

式中，k_6 为发生重力侵蚀的沟长系数；L_{gully} 为沟道总长度；其他参数意义同式（4-84）。

实际计算时按照细沟、浅沟、切沟等侵蚀类型在不同尺度中进行调用，即重力侵蚀在细沟、浅沟、切沟侵蚀过程中均有发生。在侵蚀过程中若发生重力侵蚀,则水流优先以最大挟沙能力将重力侵蚀土壤带出当前计算单元。

从以上分析中可以看出,土壤的临界抗剪强度变化是进行重力侵蚀模拟的重要影响因素,为此通过野外试验对黄土区土壤临界抗剪强度变化规律进行了试验研究。

本小节中从流域泥沙过程的角度对重力侵蚀在侵蚀产沙过程中的作用进行分析,运用土力学构建了一种流域水沙过程中重力侵蚀模拟模型。

由于坡面侵蚀过程中重力侵蚀发生的尺度相对较小,影响因素相对单一,采用土体的下滑剪切力与土体的临界抗剪强度大小作为判定条件。其中,单位长度土体的下滑剪切力由式(4-84)计算,重力侵蚀量由式(4-85)计算。

2. 河(沟)道输沙过程模拟

河(沟)道输沙过程是泥沙颗粒在水流作用下向下游运动及不断与床沙交换的过程。在水沙过程由上游向下游的演进过程中,较大的颗粒会有较大的概率沉积在河床中,使水流中的泥沙不断沉积细化,从而表现出泥沙输移比随流域面积的增大而减小的规律(李秀霞和李天宏,2011)。从时间变化上看,洪水的涨落过程也会造成河段泥沙具体冲淤过程的改变,从而使河床在不同的来水来沙条件下形成不同的演变趋势。研究中为区分侵蚀与产沙的不同概念,使模型的建立符合流域泥沙运动的机理,沟道输沙模型应采用不平衡输沙模式。利用不平衡输沙模式模拟的结果能够在一定程度上反映河网范围内不同位置的冲淤分布,以及各河段的冲淤变化过程(李铁键,2008)。

河道泥沙过程采用沿水深积分后的一维恒定水流泥沙扩散方程:

$$\frac{\mathrm{d}S_x}{\mathrm{d}x} = -\frac{\alpha\omega_s}{q}(S_x - S_{x*}) \tag{4-86}$$

式中,S_x、S_{x*} 分别为断面的平均含沙量和水流挟沙力;q 为单宽流量;α 为恢复饱和系数;ω_s 为河流泥沙沉速。

$$S = S_* + (S_0 - S_{0*})\mathrm{e}^{\frac{-\alpha q L}{\omega_s}} + (S_{0*} - S_*)\frac{q}{\alpha\omega_s L}(1 - \mathrm{e}^{\frac{-\alpha q L}{\omega_s}}) \tag{4-87}$$

式中,S、S_0 分别为出口断面和进口断面的平均含沙量;S_*、S_{0*} 分别为出口断面和进口断面的水流挟沙力;L 为河段长度。ω_s 为河流泥沙沉速,采用下式计算:

$$\omega_s = \frac{\sqrt{10.99d_{90}^3 + 36\left(\frac{\mu}{\rho_m}\right)^2} - 6\frac{\mu}{\rho_m}}{d_{90}} \tag{4-88}$$

$$\mu = \mu_0\left(1 - k_8\frac{S_v}{S_{vm}}\right)^{-2.5} \tag{4-89}$$

$$S_{vm} = 0.92 - 0.2\lg\sum_{l=1}^{L}\frac{P_l}{d_l} \tag{4-90}$$

$$k_8 = 1 + 2.0 \left(\frac{S_v}{S_{vm}} \right)^{0.9} \left(1 - \frac{S_v}{S_{vm}} \right)^4 \tag{4-91}$$

式中，d_{90} 为泥沙的上限粒径；μ 为浑水黏度；ρ_m 为含沙水流密度；S_v 为体积含沙量；S_{vm} 为极限体积比含沙量；μ_0 为水的黏度；k_8 为泥沙固体浓度修正系数；d_l、P_l 分别为某一粒径级的平均直径及其相应的重量百分比。

河道断面的水流挟沙力计算分为沟道和河道两种情况。

（1）沟道水流挟沙能力

与河道相比，黄土区泥沙源区沟道的比降较大，断面宽深比较小。在洪水流量较大时，沟道水流的挟沙力较强，其输沙量往往接近断面以上流域侵蚀量，而进入江河的沙量取决于流域内的补给沙量。在洪水流量较小时，沟道水流挟沙力下降，其输沙量小于断面以上流域侵蚀量，进入江河的沙量取决于各级沟道的挟沙能力。费祥俊和邵学军（2004）研究发现，黄土地区小流域沟道纵坡陡，固体物质补给又十分丰富，虽然沟道尺度不大，但水流含沙量却很高，已有的各种基于低含沙水流的挟沙公式不能表达沟道中高含沙水流的输沙特性。为此通过 53 组悬移质输沙平衡试验（含沙量 $S = 40 \sim 760 \text{kg/m}^3$，水力半径 $R = 0.05 \sim 0.10 \text{m}$），量测了水槽中平衡输沙条件下 ω_{90}/u^* 与有关参数的关系。在此基础上经过分析推导，提出如下小流域沟道挟沙力公式。经王光谦等（2008）、李铁键等（2009）应用与黄土区沟道水沙过程研究证明，式（4-92）具有较好的适应性和较高的精度。

$$S_v = 0.0068 \left[\frac{U}{\omega_{90}} \sqrt{\frac{f}{8}} \right]^{1.5} \left[\frac{d_{90}}{4R} \right]^{1/6} \tag{4-92}$$

式中，S_v 为体积含沙量；U 为断面平均流速；f 为达西系数；R 为水力半径；ω_{90} 为上限粒径在一定浓度下的沉速。

$$f = 0.11 \left(\frac{k_s}{4R} + \frac{68}{Re} \right)^{0.25} \tag{4-93}$$

$$Re = \frac{4RU\gamma_m}{g\mu} \tag{4-94}$$

式中，k_s 为河床糙度，取为 $2d_{90}$；Re 为基于含沙水流黏度 μ 计算的雷诺数；γ_m 为含沙水流容重；g 为重力加速度。

（2）河道水流挟沙能力

黄土区河道一般宽深比较大，平均比降较沟道小，常年有径流。由于黄河河道泥沙问题自近代以来一直受到社会、政府和泥沙研究者的重视，其水流挟沙力的研究成果较多。本研究采用适应性较广、精度较高的张红武公式（张红武和张清，1992）进行河道水流挟沙力计算。

$$S_* = 2.5 \left[\frac{(0.0022 + S_v) v^3}{\kappa \frac{\gamma_s - \gamma_m}{\gamma_m} gh\omega_s} \ln \left(\frac{h}{6D_{50}} \right) \right]^{0.62} \tag{4-95}$$

式中，S_* 为出口断面的水流挟沙力；S_v 为体积含沙量；v 为断面流速；γ_s 和 γ_m 分别为泥沙和含沙水流容重；κ 为浑水卡门常数，取 0.4；g 为重力加速度；h 为断面平均水深；D_{50} 为泥沙级配的中值粒径。

（3）水库水沙过程模拟

在 WEP-L 模型中对水库水沙过程的计算提供了两种解决方法：一是采用水库坝下水文站资料指代水库出流过程；二是基于水位库容曲线和溢洪道参数等水库属性数据，利用水量平衡计算水库出流量过程。本研究采用第二种方法进行模拟。

对水库泥沙过程模拟方法是，将水库分为建成初期和稳定运行期，采用排沙比计算水库出水过程的输沙率。

$$S_{out} = \frac{\eta Q_{in} S_{in}}{Q_{out}} \tag{4-96}$$

式中，Q_{out}、S_{out} 分别为水库出流量及含沙量；η 为水库排沙比；Q_{in}、S_{in} 分别为水库上游来水流量及含沙量。

3. 流域泥沙过程侵蚀地表形态设定

流域泥沙过程与径流过程联系的纽带是产汇流过程中的能量变化条件。水动力学过程的计算通过 WEP-L 模型利用一维运动波方程进行汇流计算时实现。在计算过程中需要水流断面的属性数据。由于不可能获得整个流域的等高带和河道断面的真实属性数据，对坡面汇流过程，WEP-L 模型假定计算单元沿水流方向的宽度即汇流宽度，即将坡面流从始至终作为片状薄层水流处理；在进行河道汇流计算时，河道断面形状参数涉及整个流域子流域的河道。实际上不可能获得如此多的实测资料，模型通过统计等方法推算河道断面形状参数（胡鹏等，2010），将河道类型划分为山区河道和平原河道两种类型，将河道过水断面面积看作汇流面积的线性函数。即

$$A_{sect} = k_6 S_{acc} + n \tag{4-97}$$

式中，A_{sect} 为河道断面面积；S_{acc} 为河道断面控制的流域面积；k_6 和 n 为常数。而在实际中，坡面片状水流只是存在于汇流开始的阶段，由于水流的冲刷和侵蚀作用，片状水流很快就汇集为股流；河道的断面形状则受地质、河道冲淤等因素的影响沿程有较大的变化。因此，汇流过程得出的水流流速等水动力参数与实际有很大不同。在进行单纯的产汇流模拟研究时，通过对汇流过程的一定技术处理，可以得到满足精度要求的水流过程。但由于分布式产输沙的计算需要通过水流流速确定水流挟沙力，水流流速是否与实际情况相符，将极大地影响产输沙的计算结果。为了满足产输沙计算的需要，就必须对汇流计算过程中的汇流宽度进行确定，使得到的水流流速尽可能与实际的汇流过程相符。

（1）坡面亚计算单元典型侵蚀形态

对坡面侵蚀过程，根据汇流条件将计算单元划分为由平面、细沟、浅沟和切沟构成的亚计算单元地貌形态。根据已有的野外调查数据，首先对细沟、浅沟和切沟的形态进行研究，概括出不同侵蚀地貌的"典型侵蚀形态"概念。

不同侵蚀地貌的坡面分布密度运用不同侵蚀输沙规律的基础。细沟是黄土坡面分布最广的沟蚀类型之一。吴普特等（1997）采用全坡面人工降雨的方法对坡面细沟侵蚀的发育密度进行了研究，发现细沟密度和深度在坡面的分布随坡面长度的增大呈现多峰变化的规律，分布密度最大可以达到6%，深度变化在0～14cm。模型中利用不同土地利用条件下细沟密度概念进行等高带内浅沟侵蚀计算。具体模拟过程中假定面（片）蚀水流在整个计算单元内发生，计算单元内依据土地利用的不同，分别给出相对于裸地的衰减系数；细沟侵蚀过程模拟中细沟尺寸依据不同土地利用类型按面积比进行概化。浅沟和切沟根据具体的地形条件决定是否发生侵蚀及沟道数量。概化的典型侵蚀地貌单元的断面参数及其发生的临界地形和水动力学条件见表4-1和表4-2。

表4-1　不同侵蚀地貌单元"典型侵蚀形态"参数

	沟道断面			沟长（m）	参考文献
	形状	深（m）	宽（m）		
细沟	"V"形	0.1	0.3	10	刘秉正和吴发启（1997）；吴普特等（1997）
浅沟	"V"形	1.0	1.0	80	张科利等（1991）；姜永清等（1999）；秦伟等（2010）
切沟	"V"形	10.0	10.0	800	刘秉正和吴发启（1997）

表4-2　不同侵蚀地貌单元发生的临界条件

侵蚀类型		发生的地形条件	发生的水动力学条件
薄层水流侵蚀		坡度大于2°	$E \leqslant 4.8$ cm
股流侵蚀	浅沟	坡度大于15°的耕地，$J_2 A^\alpha > k$	$E \geqslant 4.8$ cm
	切沟	坡度大于35°，$J_2 A^{\alpha'} > k'$	$E \geqslant 6.4$ cm

注：A 为上游汇水面积，m^2；J_2 为坡度，m/m；k、k'、α、α' 分别为浅沟和切沟数量计算的参数及指数

通过下式计算出浅沟、切沟在对应计算单元上分布的密度：

$$N_E = \frac{k}{J_2 A^\alpha} \tag{4-98}$$

$$N_G = \frac{k'}{J_2 A^{\alpha'}} \tag{4-99}$$

式中，N_E、N_G 分别为计算单元分布的浅沟和切沟数量。

（2）河道水流断面形态

对河道汇流过程，由于进行河道汇流计算过程中水流断面均采用清水断面进行计算，这在河道水流含沙量较小时适用，在含沙量较大时就会引起较大的误差。而黄土区侵蚀过程中，水流含沙量较大，引入一个河道断面修正系数进行修正。即

$$A_{\text{sedi\_flow}} = k_7 A_{\text{flow}} \tag{4-100}$$

式中，$A_{\text{sedi\_flow}}$ 为河道含沙水流过水断面面积；k_7 为含沙水流与清水径流断面面积转换系数；A_{flow} 为河道清水过水断面面积。

4. 泥沙过程模拟计算

流域泥沙过程模拟计算分为坡面和河道两个过程，通过获取流域水文过程相应的参数进行驱动。其中，重力侵蚀计算的驱动参数主要为土壤含水量，雨滴溅蚀的驱动参数为降雨强度，薄层水流、股流侵蚀输沙过程的驱动参数则为计算单元流量。具体计算过程如图4-6所示，河道输沙过程则通过河道径流量、含沙量与计算河段子流域产水产沙量进行非平衡输沙计算。具体计算过程如图4-7所示。

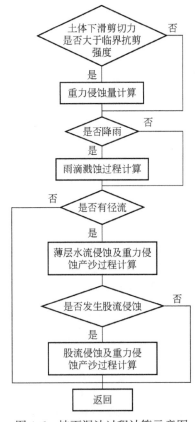

图 4-6　坡面泥沙过程计算示意图

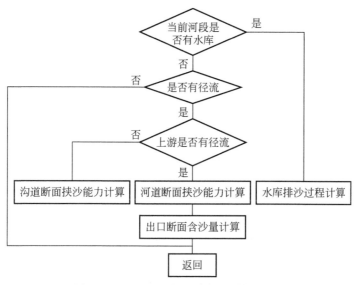

图 4-7　河（沟）道泥沙过程计算示意图

以 WEP-L 模型为平台，综合利用现有研究成果构建了具有黄土高原典型侵蚀地貌形态和水动力学过程特点的流域分布式水沙耦合模型。针对坡面股流侵蚀和重力侵蚀研究相对不足的现状，通过室内试验资料分析，以及黄土抗剪强度变化规律野外试验对黄土区股流侵蚀过程输沙能力与重力侵蚀中土壤抗剪强度变化规律两个基本问题进行了研究，从而形成了物理机制相对完善的流域分布式水沙耦合模型。流域分布式水沙耦合模型计算过程及耦合关系示意图如图4-8所示。

4.2　分布式建模技术

4.2.1　河网提取算法改进

1. 河网提取算法中存在的问题

（1）实际河网栅格邻接问题

实际河网栅格邻接问题指将矢量河网转化成栅格后（栅格分辨率同 DEM 分辨率一致），因实际河网栅格相邻而产生的问题（图4-9）。从图4-9 中可以看出，由于两条支流之间距离较近且和 DEM 分辨率相差不大，转化而成的实际河网栅格紧靠在一起，形成 2 条并行的栅格河道。根据 D8 算法，栅格流向将指向坡度

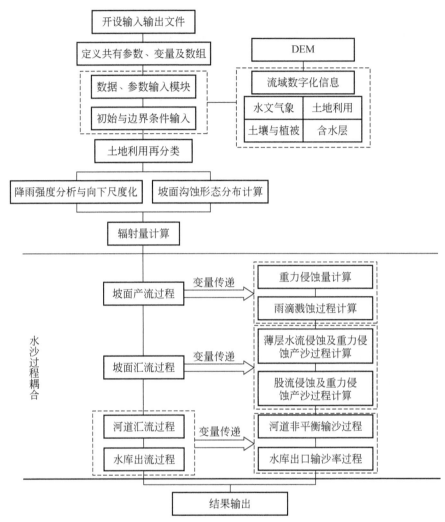

图 4-8　流域分布式水沙耦合模型计算过程及耦合关系示意图

最陡的栅格，则其中一条河道将不能有效地提取出来，模拟河网和实际河网之间将产生误差，从而导致子流域划分误差。从图 4-9 可以看出，模拟子流域（虚线框）同实际子流域（点线框）相比存在着严重的误差，下游河段子流域划分过大，从而影响水文模型产汇流计算。如果邻接河网数量不是很多，则该问题带来的影响不是很大，一旦数据过多（即出现较长的平行实际栅格河网），必须重视该类问题。由于该问题的存在根源在流向提取算法，无论是高程修正算法还是流向修正算法均会出现该问题。

目前，该问题还无法通过河网提取程序自动解决。在实际应用过程中，需要

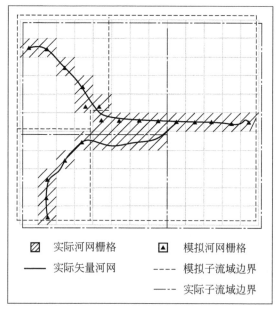

图 4-9　实际河网栅格邻接问题示意图

对该问题加以关注。如果实际矢量河网中存在相邻的平行河网，且其距离处于 1～2 个栅格大小，则需要考虑该问题。该问题可通过提高 DEM 分辨率，使得平行河网之间存在非河网栅格，从根本上避免该问题。如果没有高精度 DEM 或者实际矢量河网过于密集，则可通过手动修改平行矢量河网间距或者修改局部河网栅格流向加以解决。

（2）实际河网高程修正问题

实际河网高程修正问题主要指在某些情况下提取的模拟河网会出现"断裂"现象（这通常出现在高程修正算法中）。由于河网栅格主要呈连续线状特征，且周边非河网栅格高程远高于河网栅格（河网栅格进行降高程处理），河网栅格的流向只有两个方向，即指向上游或指向下游。如果某河网栅格的上游河网栅格流向指向上游，而下游河网栅格流向指向下游，则将导致河网在该处"断裂"。理论上，河网栅格高程应该从上而下呈递减趋势，但由于 DEM 采样误差，河网栅格高程将不可避免地会出现"高估"或"低估"问题（Martz and Garbrecht, 1998），即某栅格高程大于（或小于）相邻河网高程。

实际河网高程修正问题主要是 DEM 采样误差导致局部河网高程大于上游栅格高程引起的。由于高程修正算法对河网高程修正采取相同的"下陷"高度，局部采样高程误差无法被有效消除，所以不能够有效避免"断裂"现象的产生。黄玲和黄金良（2012）对此进行了研究，并提出一种改进思路。但他们并未分析

"断裂"产生的具体原因，而且所提出的改进思路包含手动处理部分，不适合程序自动化处理。

鉴于"低估"类栅格在填洼过程中会被抬升，对确定河网流向不会产生影响，因此，"断裂"现象主要来自"高估"类栅格，但并非所有"高估"类栅格都会形成"断裂"现象。图4-10（a）中由于上游存在河网栅格高程大于"高估"类栅格（带 * 号的）的高程，中间低洼栅格将被填平，从而消除"高估"带来的影响，能够正确计算河网流向。可以看出，即使个别河网栅格高程高于上游相邻栅格高程，也不一定会产生"断裂"现象。而图4-10（b）中，"高估"类栅格上游河网高程均小于"高估"类河网栅格高程，则填洼后，上游河网栅格流向将指向上游，从而产生河网"断裂"。由此得出，要产生"断裂"现象，"高估"类栅格高程必须大于其上游所有河网栅格高程，否则就是图4-10（a）情况，不会产生"断裂"。但是图4-10（b）情况仅仅是形成"断裂"的必要条件，并非充分条件。因为，如果河网栅格上游存在非河网栅格，则通过调整河网高程降低值（即加大烧录深度），使得上游非河网栅格高程大于"高估"类河网栅格高程，填洼过程中以"高估"高程作为基准将上游所有河网栅格填平，见图4-10（c）。可见，图4-10（c）中河网栅格是图4-10（b）类型，但由于非河网栅格高程（带+号的）大于"高估"类栅格高程（如果"高估"类河网栅格高程大于上游非河网栅格高程，可以通过降低河网高程使得非河网栅格高于"高估"类栅格高程），填洼后仍然能够正确计算流向，从而避免"断裂"的产生。

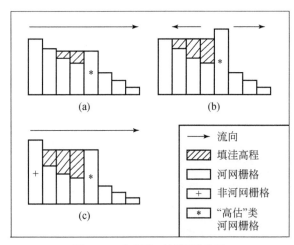

图 4-10　高程修正问题示意图

因此，出现河网"断裂"现象的充要条件如下：①实际河网栅格上游不存在非河网栅格，即通过矢量转化的实际河网栅格刚好位于流域分水岭（或 DEM

数据边界）；②存在某河网栅格高程高于其上游所有河网栅格高程［图 4-10（b）类型］。这两个条件缺一不可，在这种情况下将会以"高估"类栅格作为新的分水岭进行河网提取，使得提取的河网产生"断裂"，将该河流的上游部分划归到相邻子流域（或流出 DEM 边界），导致子流域划分误差。

根据上述分析，只要消除任何一个产生条件，都可避免河网"断裂"。因此，该问题主要有两种解决方案：①使河网栅格远离流域边界，即使得河网栅格上游存在非河网栅格；②消除"高估"类河网栅格，即降低"高估"类栅格高程，确保河网栅格上游高程大于下游高程。第一种方案可通过提高 DEM 分辨率（如果实际河网栅格位于 DEM 数据边界上，则通过提高分辨率无法解决该问题）或手动截除部分矢量河网源头，使得河网栅格同流域分水岭（或 DEM 边界）之间形成非河网栅格。但该方案治标不治本，而且需要通过手动操作，不适合程序自动化处理。而第二种方法则可实现程序自动化处理，本研究改进也基于此。

（3）流向修正问题

流向修正问题主要出现在"邻近优先"的准则上。根据文献（王加虎等，2005；叶爱中等，2005；郑子彦等，2009），这类基于"邻近优先"准则的方法在计算流向时，从流域出口开始，溯源追溯河网流向，认为相邻的河网栅格属于相同的河流。但是，如果刚好两条河流上游源头栅格紧靠在一起，则会出现该问题（图 4-11）。由于两条支流顶端距离小于 2 个栅格高程，对应实际河网栅格邻接，则根据算法，在计算支流①的流向的时候，会沿着支流②往上追溯，从而将支流②的流向一并确定，形成环形河道，导致提取河网的错误。李丽（2007）研究"关系树"方法时也发现该问题，并认为该问题同实际河网密度相关，实际河网密度过大则容易出现。本研究认为，该问题主要是由实际河网源头栅格邻接引起的，除了同实际河网密度相关外，还与 DEM 分辨率相关。只要两条河流源头之间存在非河网栅格，即可避免该问题的出现。因此，可以通过提高 DEM 分辨率或手动截除部分源头矢量加以避免。此外，该问题可通过程序自动化加以解决，只需提供一个实际河网源头栅格标识图层，用以中止提取程序继续追溯河网。

2. 河网提取算法程序自动化处理

（1）程序自动化处理思路

河网提取算法中出现的 3 个问题均可通过提高 DEM 分辨率或手动修改加以避免（或减小出现概率）。但这仅仅是治标不治本的方法，而且手动操作的引入也会增加工作量。本研究改进的重点在于完善河网提取算法，将上述问题当成一般情况进行处理，实现程序自动化处理。由于"河网邻接问题"的特殊性，本

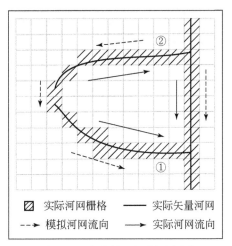

图 4-11　流向修正问题示意图

研究主要解决高程修正问题及流向修正问题的自动化处理。

主要改进思路如下：通过引入实际河网栅格流向作为辅助信息，指导河网高程修正。首先，通过实际河网栅格流向对 DEM 进行初步高程修正，确保 DEM 中实际河网对应栅格高程呈现从上游到下游逐步递减的趋势，消除"高估"类河网栅格；其次，使用其他高程强迫修正算法（如 Burning 算法或 AGREE 算法），对修正的 DEM 进行河网提取操作。因为第二步直接使用已有算法进行河网提取操作，所以改进算法的重点在第一步。由于修正了河网栅格高程，"断裂"产生的必要条件遭到破坏，从根本上解决了高程修正问题。

当知道实际河网栅格流向后，可根据流向逆流而上，逐栅格判别上游高程是否大于下游高程。如果上游高程大于下游高程，则以上游高程为新起点继续向上追溯，直到河流源头；反之则沿着流向，修正下游高程，确保沿途上游高程高于下游高程，消除"高估"类栅格高程。

由于改进算法需要使用实际河网栅格流向作为 DEM 修正指导，所以需要在未填洼之前就计算出河网栅格流向。本研究采用一种新的流向算法计算实际河网流向，该方法有点类似"关系树法"，但以坡度作为流向判别依据，而且分情况处理横竖方向栅格和对角方向栅格的流向计算过程。基本思路是：首先，使用原始 DEM 高程数据，通过 D8 算法计算出一个河网流向，该流向是杂乱无章的；其次，使用"邻近优先"的准则，对杂乱无章的流向进行修正，使得所有河网栅格均能有效地流向流域出水口。如此，改进的难点在于如何确定实际河网流向。

（2）实际河网流向计算程序算法

由于实际河网流向计算采用"邻近优先"的准则，则在计算过程中存在流向修正问题，改进算法中引入河网源头栅格标记信息图层，以解决该问题。具体程序实现细节如下。

1）获取实际河网栅格（非河网区域设置为空），通过 D8 法计算河网栅格流向（流向河网栅格）。计算得到的河网流向杂乱无章，需要进行修正。流向修正使用 2 个堆栈：堆栈 A 存放已标记的有流向河网栅格行列坐标；堆栈 B 存放未标记的无流向河网栅格行列坐标。将流域出口河网栅格放入堆栈 B（仅存放栅格行列信息，以下存取栅格具有相同意义）。

2）如果堆栈 B 不为空，取第一个栅格作为目标栅格。查找周围 8 个栅格中是否存在已标记的河网栅格：如果没有已标记的河网栅格，表示该目标栅格是流域出口，赋值流向 8 个栅格中的第 2 个、第 5 个和第 6 个（表示指向流域出口）；如果只有一个，则将目标栅格流向设定为指向那个邻接栅格；如果多个，剔除河网源头栅格后，以流向横竖方向栅格优先，其次以流向坡度较低栅格优先。设定目标栅格为标记栅格。检测目标栅格是否是河网源头栅格，如果不是则将目标栅格放入堆栈 A。

3）如果堆栈 A 不为空，取堆栈最后一个栅格作为目标栅格，且从堆栈 A 中删除。首先，查找目标栅格横竖方向邻接河网栅格，设定邻接河网栅格流向目标栅格，标记邻接河网栅格为标记栅格，如果邻接河网栅格不是河网源头栅格，则将栅格放入邻接栅格列表（大小为 8 的数组）。其次，查找目标栅格对角方向邻接河网栅格：如果邻接栅格没有流向，则将其放入堆栈 B，如果有流向但未流向目标栅格，则不做任何处理；如果流向目标栅格，则设置为标记栅格，如果邻接河网栅格不是河网源头栅格，则将栅格放入邻接栅格列表。最后，将邻接栅格列表中的河网栅格按高程由大到小排列，逐个放入堆栈 A。重复步骤 3），直到堆栈 A 为空。

4）校验堆栈 B，删除堆栈 B 中所有已标记的栅格信息，如果堆栈 B 为空，结束流向修正过程；否则跳转到步骤 2）。

（3）河网提取改进算法应用

在渭河流域河网提取过程中出现河网"断裂"现象。本节采用改进算法及常规算法进行渭河流域河网提取，说明改进效果。主要使用 4 种方案进行模拟（图 4-12 ~ 图 4-15）：（a）AGREE 算法提取河网，参数为 Buffer = 5，Smooth = 10，Sharp = 1000；（b）使用改进算法修正的 DEM 后，再采用 AGREE 算法提取河网，参数同（a）；（c）Burning 算法提取河网，全河网栅格高程降低 1000m；（d）使用改进算法修正的 DEM 后，再采用 Burning 算法提取河网，参数同（c）。图 4-12、

图 4-14 中涉及的修正 AGREE 算法和修正 Burning 算法指使用改进算法初步修正 DEM 后，再采用对应算法提取河网，分别对应方案（b）和方案（d）。

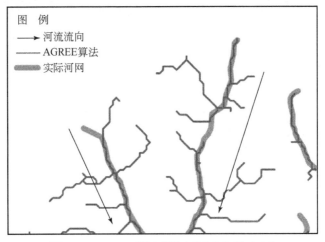

图 4-12　AGREE 算法提取河网［方案（a）］

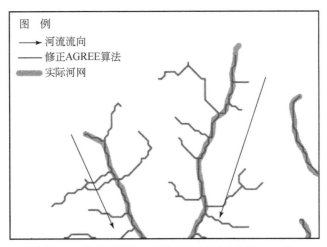

图 4-13　修正 AGREE 算法提取河网［方案（b）］

图 4-12、图 4-14 分别表示采用 AGREE 算法和 Burning 算法提取的河网，所提取的河网存在着河网"断裂"现象（图中仅显示河网"断裂"区域，该区域位于马莲河上游）。通过检查 DEM 高程发现，"断裂"河网所在上游河网栅格刚好位于 DEM 数据边界上（主要因为 DEM 分辨率较粗，1000m），且"断裂"处存在着大于上游所有河网栅格高程的"高估"河网栅格，符合河网"断裂"现象的全部条件（具体细节未在图中表示）。

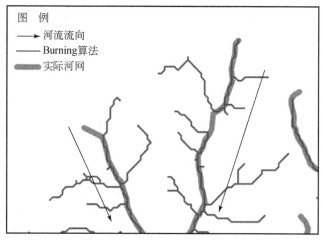

图 4-14　Burning 算法提取河网［方案（c）］

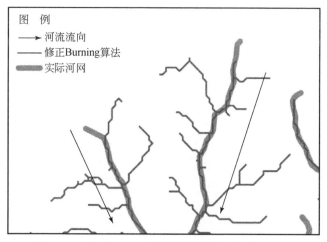

图 4-15　修正 Burning 算法提取河网［方案（d）］

从图 4-13、图 4-15 可以看出，河网栅格高程经过修正后，所提取的模拟河网不再"断裂"。由此可知，修正算法可有效解决河网"断裂"问题，且适合于多种基于高程的强迫修正。图 4-12 和图 4-13 之间除"断裂"外还存在着其他不同，主要由于改进算法对原始 DEM 进行预处理，修正了河网栅格高程，方案（a）和方案（b）计算所得的"AGREE 河网线性插值高程"和"AGREE 缓冲区高程修正值"不一样，导致河网缓冲区内的栅格流向不完全一样，从而影响最终提取的河网。对比实际河网可以发现，两者差别不是非常大，而且修正 AGREE 算法所提取的河网效果相对更好一些。

综上所述，本书提出的河网提取修正算法可有效解决河网"断裂"问题。实际应用中，并未对河网提取过程进行任何手动操作，河网提取程序自行解决了提取过程中出现的高程修正问题。

4.2.2 子流域编码算法改进

模拟河网的自身特性和更深层次的应用需要，对子流域编码算法提出了更高的要求（雷晓辉等，2009，2011；张峰等，2011）：①能够处理多河段汇入同一河段的情况，这种情况在农田灌溉及城市管网中非常常见，而且基于 DEM 提取的河网也时常会出现［图 4-16（c）多支汇流］；②能够加密无分叉河段，避免狭长子流域的出现；能够考虑水库、水文站位置进行划分编码［图 4-16（a）单支汇流］；③能处理多出水口，主要是沿海流域；④能够实现相邻子流域编码的快捷计算。雷晓辉等（2009，2011）对 Pfafstetter 编码算法进行了修改，使得修改后的 Pfafstetter 编码能够支持以上要求①～要求③。由于 Pfafstetter 编码采用自上而下、递归迭代的编码结构，虽然能够反映子流域上下游关系，但并不能直接计算相邻子流域编码，需要遍历所有编码才能够确定。而二叉树编码基于二叉树结构，对单支、多支汇流支持能力有限，且存在编码容量限制等问题。鉴于此，本研究提出一种新的子流域编码方法实现相关子流域编码新要求，称为干支拓扑码。

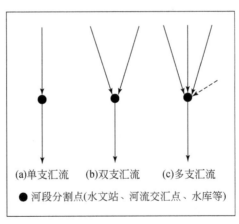

图 4-16 河段汇流类型示意图

1. 干支拓扑码编码规则

干支拓扑码编码规则是基于河网水系干支流拓扑关系，采用类似 Pfafstetter

规则的继承式编码结构。一般而言，任何河流都是一条干流加上若干支流的拓扑结构，而各支流同样具有自己的干流和次级支流。这里的干流、支流意义如下：就某级别河道而言（如第 n 级河道 Level n），它本身所在的河道即是干流，而直接流入该河道的第 $n+1$ 级河道是其直接支流，流入其直接支流的是间接支流；同时它本身干流又是第 $n-1$ 级河道的一条支流；本书中支流指直接支流。本书规定，河流级别数值小的为高级河流，数值大的为低级河流。由于子流域划分同河网中各河段密切相关，且存在——对应关系，本书以河段为例介绍该编码规则。

直接流入流域出口的河流是第 1 级，直接流入第 1 级河流的河流是第 2 级，依次类推（图 4-17）。由于编码基于河流干支流拓扑关系，称为干支拓扑码。干支拓扑码以各个河段为基本编码单元，这些河段可以是由河流交汇点分割的，也可以是由水文站、水库等水文要素分割的，甚至可以是人为随意分割的。对特定河网，河段分割在编码之前就需确定下来。一旦河流分割完成，则对应的干流码也相应确定。干流码指对应河段在当前河流中离河流出水口的河段序数（图 4-17）。可以看出，干流码从河流出口开始，逆流而上，对流经的河段逐个顺序编码。整个干支拓扑码都是基于干流码概念发展的，即干流码是干支拓扑码的核心。主要有两种形式编码：二元干支拓扑码及多元干支拓扑码，分别适用于不同情况。

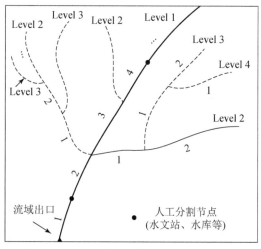

图 4-17　河网干支流分级及干流码示意图

注：每个河段上的数字表示当前河段对应级别的干流码

（1）二元干支拓扑码规则

二元干支拓扑码使用两个编码元素唯一标识各河段。两个元素分别称为干流流程码（S）和支流流程码（B），简写为（S，B）。干流流程码是目标河段汇入流域出水口沿途流经的各级别河段的数量，同时也是流经的各级别河流的最大干流码链表。以图 4-18 中（2-1-2，111）编码河段为例，该河段干流流程码为"2-1-2"，表示流经 2 个 1 级河流河段（①②河段），1 个 2 级河流河段（③河段），2 个 3 级河流河段（④⑤河段）。干流流程码采用继承式编码结构，即目标河段编码继承其所流入的上游河段编码。例如，④⑤河段均继承③河段编码，所以其干流流程码都以"2-1"开头，这部分从上级河流河段继承而来的干流流程码称为干流继承码。可以发现，同一河流上各河段具有相同的干流继承码。因此，干流流程码可以反映河段的上下游关系。干流流程码中间的字符用以分割不同级别河流流经河段数。由于流经河段数同流经最大干流码等同，这里称干流流程码内各级别编码（连字符"–"之间的编码）也为干流码。可以发现，干流流程码内的干流码个数即是对应河段所在河流的级别，也是编码级别。

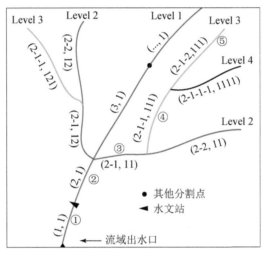

图 4-18　二元干支拓扑码编码示意图

注：（2-1，12）是二元编码，其中，"2-1"表示干流流程码，"12"表示支流流程码；
图中编码颜色对应河流级别，同时也是编码级别

如果超过 2 条河流流入相同河段，则根据干流流程码编码规则，两条河流将具有相同的干流继承码，见图 4-18 中蓝色河流对应干流流程码。如此，仅仅使用干流流程码不能唯一标识河网体系中的河段。支流流程码则用以避免该问题。支流码指被编码目标河段所在河流相对于其流入的上级河段（非河流）的支流序列号。而支流流程码则是对应所有河流支流码的集合。由于一般情况下流入相同河段的支流数不会超过 9，所以使用 1 个数字即可满足编码要求，支流流程码中间的"–"连接符可省略。以图 4-18 中（2-2，12）河段为例，支流流程码为"12"，表示该编码所在河网的 1 级河流是流域出口的 1 号支流，而自身所在河流是其流入的 1 级河流河段（2，1）的 2 号支流。对各河段而言，支流码编码必须

从 1 开始逐个增加，其支流码编码顺序是随机的，也可以按支流汇流面积排序，这根据编码使用者而定。如果某河段只有 1 个支流，其支流码为 1。支流流程码也遵循继承式编码规则，其从上级河段继承而来的支流流程码称为支流继承码。支流流程码数字个数即其编码级别。

分析各河段编码可以看出，如果某河段位于相同的干流上，则支流流程码是完全一样的，而干流流程码具有相同的干流继承码，且当前级别干流码依次增加，数字越大越位于上游。如果两条河流流入相同河段，则具有相同的干流继承码，甚至一样的干流流程码，但支流流程码则不一样。据此，通过干流流程码和支流流程码可以唯一标识河网体系内的每一个河段，且能反映上下游关系。由于编码对河段划分无特殊要求，且通过支流码表示各支流，所以干支拓扑码可有效支持单支汇流、双支汇流及多支汇流。由于干支拓扑码采用继承式编码结构，通过河段编码即可判别上下游关系。

（2）多元干支拓扑码规则

多元干支拓扑码是对二元干支拓扑码的拓展，主要用以增加干支拓扑码应用范围，描述更加复杂的河网水系。一般多元干支拓扑码包含 4 个元素，即水系标识码（O）、干流流程码（S）、支流流程码（B）、上游数目码（N）。其中，干流流程码、支流流程码同二元干支拓扑码中的意义一致，不再多说。

水系标识码主要用来区分不同水系，使得干支拓扑码可以用于多水系编码。根据二元干支拓扑码编码规则，如果研究流域内有 2 个不同的河网水系，则不能唯一标识其中对应河段，这时需要引入水系标识码进行区分（图 4-19）。从图 4-19 中看出，两个水系具有相同的河网拓扑结构，对应二元干支拓扑码完全一样，引入水系标识码后，可有效区分。当然，如果全流域只有一个水系，水系标识码可以不需要。这样，通过水系标识码、干流流程码、支流流程码可对多水系流域河段进行唯一标识。这里称这个组合为主要标识码，即可对河段进行唯一标识定位的编码组合。

相对于主要标识码，多元干支拓扑码中还有一类辅助信息码，主要用来提供一些额外信息，拓宽编码应用范围。其中，上游数目码就是一个辅助信息码。辅助信息码并不能对河网进行定位描述，但可以提供额外信息，属于可有可无的一类编码元素。如果存在，则表示提供对应相关信息；如果不存在，对编码体系也没多大关系。这可以依据使用者意愿进行添加拓展或舍弃不用。上游数目码是用来描述当前编码河段上游流入河段个数的辅助信息码。如果上游数目码等于 0，则表示当前河段位于河流的最上游，属于源头。上游数目码最主要的功能是对相邻上游子流域的编码计算。根据主要标识码、辅助信息码的区别，多元干支拓扑码可以表述为 {O, S, B :: N}，其中，O 表示水系标识码，S 表示干流流程码，

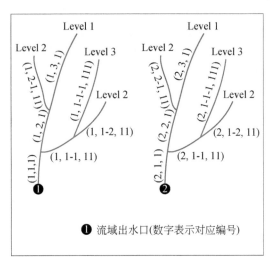

图 4-19　多元干支拓扑码编码示意图

B 表示支流流程码，N 表示上游数目码，"::" 表示分割符，左边是主要标识码，右边是辅助信息码，可扩展。

（3）干支拓扑码编码示例

为加深对干支拓扑码的理解，本节主要以图 4-18 为例，对其进行编码过程展示。

1）对 1 级河流编码（红色的）：确定河流支流码（等于 1，因为对流域出水口而言，就 1 个支流），并将支流码作为支流流程码。使用各河段干流码作为干流流程码。

2）对 2 级河流编码（蓝色的）：由于两条蓝色河流均流入红色河段（2，1），所以两条河流分别具有支流码为 "1""2"，支流继承码则等于红色河段的支流流程码。因此，两河流的支流流程码分别为 "11"（右边的），"12"（左边的）。干流继承码等于红色河段干流流程码（"2"）。使用干流继承码+当前河段干流码构成 2 级河流干流流程码。其中，红色数字表示其流入的 1 级河段干流码。

3）对 3 级河流编码（绿色的）：以左边绿色河流为例。由于流入蓝色河段（2-1，12），所以干流继承码为 "2-1"，支流继承码为 "12"。使用干流继承码+当前干流码则是干流流程码。由于当前河段是蓝色河段的唯一支流，所以支流流程码为当前干流码。右边绿色河流具有相同编码过程。

4）对其他级别河流编码（以黑色为例）：第一，确定当前级别河流流入上级河段编码，为绿色河段（2-1-1，111）。第二，确定干流继承码（为 2-1-1）及支流继承码（为 111）。第三，判断当前河流对流入河段的支流码（为 1，仅 1 条）。第四，确定支流流程码等于支流继承码+支流码（为 1111）。第五，从河流出口逆流而上，根据划分的河段，确定对应干流码（仅一个河段，干流码等于 1）。第六，确定干支流程码等于干流继承码+干流码（为 2-1-1-1）。第七，合成干支拓扑码，为（2-1-1-1，1111）。

2. 干支拓扑码功能属性

(1) 概念定义说明

为便于后面叙述，首先定义几个概念。由于相关功能操作以主要标识码为主，所以相关概念都围绕主要标识码进行阐述，且以多元干支拓扑码为例。

1) 编码级别。指干支拓扑码中对应某编码级别的编码（干流码或支流码或其组合）。编码级别指对应子编码在整个编码中从左到右的序号，数字越大则编码级别越大。干支拓扑码的编码级别则指对应干流流程码或支流流程码的河流级别或者其中编码数字的个数。例如，干流流程码 "4-12-3" 中一级干流码是 "4"，二级干流码是 "12"，这个级别称为干流码级别。支流流程码 "423" 中二级支流码是 "2"，三级支流码是 "3"，这个级别称为支流码级别。而干支拓扑码（4-12-3，423）整体则属于是三级编码，这个级别称为干支码级别。

2) 干支继承码。主要由干流继承码及支流继承码组合所得，表示方式为 $[O, F_S, F_B]$，其中，O 表示水系标识码，F_S 表示干流继承码，F_B 表示支流继承码。例如，{1, 12-3-4, 111∷2} 和 {1, 12-3-10, 111∷1} 具有相同的干支继承码 [1, 12-3, 11]。可以看出，该干支继承码即其流入的上级河流河段的干支拓扑码的主要标识码。

3) 河流模式。根据以上分析，处于同一河流干流的河段编码具有极大的相似性，取其干流继承码和支流流程码组合所得，表示方式为 $[O, F_S, B]$，其中，O 表示水系标识码，F_S 表示干流继承码，B 表示支流流程码。例如，{1, 12-3-4, 111∷2} 和 {1, 12-3-10, 111∷1} 具有相同的河流模式 [1, 12-3, 111]。注意同干支继承码的区别。干支继承码后两位元素具有相同的编码级别，而河流模式，第三位元素比第二位元素多一个级别。

4) 编码继承。这是一个操作关系，表示两个编码之间是否有继承性，即某编码是否具有其他编码。例如，"1234" 继承 "1234"，也继承 "123"，但不继承 "13"。编码继承则包含以下几个方面：首先，两个编码具有相同的水系标识码；其次，两者干流流程码具有继承关系；最后，两者支流流程码具有继承关系。如果不能同时满足以上 3 个方面，则表示两者没有编码继承关系。如果有编码继承关系，则其中编码级别大的是继承者，编码级别小的是被继承者。例如，

｛1，12-3-10，111∷1｝和｛1，12-3，11∷2｝具有编码继承关系，且｛1，12-3-10，111∷1｝是继承者，｛1，12-3，11∷2｝是被继承者。而｛1，12-3-10，111∷1｝和｛1，12-2，11∷2｝则没有编码继承关系。

5）编码覆盖。这也是一个操作关系，表示一个编码是否覆盖另一个编码。具体内涵如下：首先，两个编码（假设为 A 和 B）必须具有相同的水系标识码；其次，A 必须和 B 的河流模式具有继承关系，且 A 是继承者；最后，设 B 编码级别为 n，则 A 的 n 级干流码必须大于 B 的 n 级干流码。如果不满足上述 3 个方面，则说明 A 和 B 没有编码覆盖关系；如果满足，则 A 是覆盖者，B 是被覆盖者。例如，｛1，12-3-10，111∷1｝和｛1，12-2，11∷2｝具有编码覆盖关系，而｛1，12-3-10，111∷1｝和｛1，12-3，11∷2｝则没有。

（2）上下游关系检验

判别两个子流域编码是否具有上下游关系是水文模型应用中的一个重要方面，可用于判别污染物覆盖范围、河道洪水演算等。干支拓扑码可简洁快速地判别任意两个子流域编码之间的上下游关系。根据河网拓扑关系，如果 A 是 B 的上游，则意味着：①A 位于 B 的一条支流上；②A 和 B 位于同一干流上，且 A 位于上游；③A 位于 B 上游干流河段的一条支流上。则根据干支拓扑码，A 和 B 必然拥有编码覆盖或编码继承关系，且 A 是覆盖者（或继承者），否则 A 不是 B 的上游。经仔细分析，情况①是编码继承关系，情况②、情况③则是编码覆盖关系。

因此，对两个子流域干支拓扑码进行上下游关系检测步骤如下：①检测两者是否具有编码继承关系，如有，则继承者是上游，被继承者是下游，否则进入步骤②；②检测两者是否具有编码覆盖关系，如有，则覆盖者是上游，被覆盖者是下游，否则两者没有上下游关系。

（3）计算相邻下游编码

二元、多元干支拓扑码均可以计算相邻下游编码，且只能计算主要标识码。计算公式如下：①如果干流流程码等于 1，则表示当前子流域位于流域出口，没有下游（表 4-3 中示例 5）；②如果干流流程码最大级别干流码等于 1，则其干流继承码就是相邻下游编码（表 4-3 中示例 4）；③保持支流流程码不变，最大级别干流码数值减 1，就是相邻下游编码（表 4-3 中示例 1~示例 3）。对多元干支拓扑码而言，操作过程中水系标识码保持不变。

表 4-3　干支拓扑码上下游关系计算示例

示例	待检测编码	相邻上游子流域主要标识码	相邻下游子流域主要标识码
1	｛1，2-11，11∷0｝	源头，无上游	｛1，2-10，11｝

续表

示例	待检测编码	相邻上游子流域主要标识码		相邻下游子流域主要标识码
2	{1, 2-10, 11 :: 1}	{1, 2-11, 11}	(s)	{1, 2-9, 11}
3	{1, 2-9, 21 :: 2}	{1, 2-10, 21} {1, 2-9-1, 211}	(s) (b)	{1, 2-8, 21}
4	{1, 2-1, 12 :: 3}	{1, 2-2, 12} {1, 2-1-1, 121} {1, 2-1-1, 122}	(s) (b) (b)	{1, 2, 1}
5	{1, 1, 1 :: 1}	{1, 2, 1}	(s)	出口, 无下游

注: 只有主要标识码才可以被计算。表中"s"表示位于干流;"b"表示位于支流

(4) 计算相邻上游编码

二元干支拓扑码无法直接计算相邻上游子流域编码,因为不能确定上游究竟有多少个河段流入,而且也不知道当前河段是否位于源头。上游数目码的引入除标识源头子流域外,就是用以计算相邻上游编码。同下游编码计算一样,只有主要标识码才可以被计算。

计算公式如下:①如果上游数目码等于 0,则表示流域源头,无上游(表 4-3 中示例 1)。②如果上游数目码大于 0,则表示至少有 1 个干流上游。上游干流河段支流流程码完全一样,干流流程码具有相同的干流继承码,且最大级别干流码比目标大 1(表 4-3 中示例 2 ~ 示例 5 中标"s"的)。③如果上游数目码大于 1,则表示有上游数目码–1 个支流流入。各支流河段具有相同的干流流程码,为当前干流流程码(例如,各支流河段具有相同的"2-9-1")。随机或按一定准则确定各支流支流码,则对应支流河段的支流流程码等于当前河段支流流程码(表 4-3 中示例 2 ~ 示例 5 中标"b"的)。

(5) 干支拓扑码编码更新

干支拓扑码依托河流干支流关系,而河流干支流关系是相对的,所以干支拓扑码也是相对的,当河网水系发生变化时非常方便代码更新。对 Pfafstetter 系列编码及二叉树系列编码而言,由于对河流干支关系依赖性强(大多依托河流汇流面积进行编码),所以当河网水系发生变化时,不容易更新,甚至需要对整个水系进行重新编码。河网水系变化一般包括添加节点、删除节点及干支流关系转换。只要水系发生变化,整个水系的干支拓扑码都需要变动,但由于编码的相对性,这种变动可以通过对原有编码进行数字转化即可实现,无须对整个流域进行重新编码。本书主要从以下几个方面论述干支拓扑码更新规则。

1)增加节点。增加节点指在原有划分河段上增加一个分割点,这个分割点可以是水文站等单独的分割点,也可以如图 4-20 所示添加一条河流,甚至是一

个水系, 见图4-20中水系 (a) 向水系 (b) 的转化。增加节点的河段编码为 (1, 1), 则该河段下游编码保持不变, 仅其上游编码需要更新。更新准则: 上游所有河段的干流流程码在变动河段级别上增加1, 其他保持不变。图4-20中, 变动河段属于1级, 所以其上游所有河段1级干流码加1。如果添加的是水系, 则对新添加的水系进行编码, 干支继承码就是变动河段的编码, 图4-20中就是 [1, 1]。如果添加水系已经有对应干支拓扑码, 则对所有编码添加上该干支继承码即可, 无须重新编码。

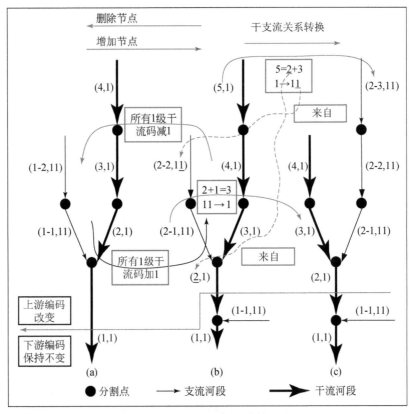

图 4-20 干支拓扑码编码更新示例

注: 该示例以二元干支拓扑为例进行说明

2) 删除节点。删除节点是删除原河段的一个分割节点或某条水系。见图4-20中水系 (b) 向水系 (a) 的转化。如果 (b) 仅仅删除 (1-1, 11) 河流, 而不删除 (1, 1) 和 (2, 1) 的分割节点, 则整个流域编码都不需要更改, 只要将删除河流对应编码删除即可; 如果删除对应节点, 则需对节点上游所有编码进行更新。更新准则同增加节点操作相反: 删除节点所在级别的干流码减1, 其他保持不变。

3）干支流关系转换。干支流关系转换指将某条河流和其支流的干支关系进行转换。一般而言，子流域编码过程中干流是汇流面积最大的河道（Pfafstetter 体系及二叉树体系），但实际上干流不一定由最大汇流面积决定，可能是最长河道也可能是其他。本编码可在原有体系编码完成后，根据实际情况对干支流进行转化。干支转换规则相对复杂，本书以图 4-20 为例说明，见水系（b）向水系（c）的转化。首先，获取待转换干流和支流的交汇河段［本例（2，1）］，计算其对应的干支码级别 N_x（本例等于 1）及 N_x 级干流码 S_x（本例等于 2），该河段下游河段编码保持不变，仅上游变化；其次，获取待转换支流的支流码 B_x［本例中为 1，即该支流是（2，1）河段的 1 号支流］；再次，支流变干流，将整个支流水系内所有河段的支流流程码中第 N_{x+1} 级支流码删除，将所有干流流程码第 N_x 级干流码加上第 N_{x+1} 级干流码替换原来的 N_x、N_{x+1} 级干流码；最后，干流变支流，将整个干流水系内所有河段支流流程码中第 N_{x+1} 级位置插入 B_x，将所有干流流程码第 N_x 级干流码（假设为 S_y）拆分为 S_x，$S_y - S_x$ 代替原先第 N_x 级干流码。如此，则实现河网水系干支流关系的转换。

可见，当河网水系发生变化时，仅仅需要对部分河段编码进行简单的编码转换即可实现对变化河网水系的更新，无须使用 DEM 数据进行重编码。

（6）上下游拓扑关系表

干支拓扑码能够有效地唯一标识河段，且反映相关河段之间的上下游关系。但在水文模型中直接使用，相对比较耗时。由于一般情况下水文模型关注子流域上下游关系，用于河流演算，所以只需要对应上下游关系表即可。使用干支拓扑码可以方便快捷地构建整个流域所有子流域上下游相邻子流域关系表，利用该关系表，在水文模型河道演算中不需要每次都计算上下游编码，可直接使用关系表查找相邻子流域编号。在上下游拓扑关系表中，使用自然数对每个子流域进行标识。关系表的构建，可确保小编号子流域始终保持在上游，且相邻子流域编号相邻，详细内容参见基于 DEM 的干支拓扑码编码流程章节。这样在模型河道演算中可以从 1 开始逐个进行，而无须关心某个河道的上游河道是否已经演算完成。因为，构建的关系表能够确保运算到某个子流域的时候，其上游所有子流域都已完成河道演算。这样将有效地加快模型模拟速度。

（7）子流域范围描述

有两种方式可以选择某子流域上游所有子流域，即"搜索"和"计算"。"搜索"来自 Pfafstetter 规则，而"计算"方法则是李铁建等（2006）、王皓等（2009）、Li 等（2010）所提倡的。根据干支拓扑码规则，这两种方式都可以用以计算上游子流域。"搜索"时，所有和被检测子流域具有"编码继承"（继承者）及"编码覆盖"（覆盖者）关系的子流域都是被检测子流域的上游。而"计算"时，则根据上游计算公式计算出直接上游主要标识码，寻找到完整编码后进行迭代计算即可。如果使用上下游拓扑关系表进行描述，寻找上游子流域编码将变得更加方便。

描述子流域区域范围有 2 种方式，即使用上下游拓扑关系表和使用河流模式（图 4-21）。上下游拓扑关系表中各子流域编号，是根据上下游关系计算得出的，相邻子流域编号基本上也是相邻的，因此，可以使用子流域编号范围标识一个子流域区域，如图 4-21 中的"［443，471］"。表示编号位于 443～471 的所有子流域都位于所描述的区域中。这种表示方式在水文模型中应用具有较大的优势。例如，要模拟某个水文站的流量，则需要对其上游所有子流域进行模拟，采用这种表示方式，可以依次逐个模拟，最终得出水文站所在子流域模拟值。使用上下游拓扑关系表可以描述特定范围区域，而不仅仅是整个水系。由于干支编码采用继承式结构，且同一河流中所有河段具有相同的河流模式，所以可以采用河流模式进行子流域区域描述。根据河流模式的定义，所有和该模式具有"编码继承"（继承者）关系的子流域，都位于该河流所在区域。河流模式描述方式，只能描述某河流所在的整个水系，而无法描述其中特定范围。

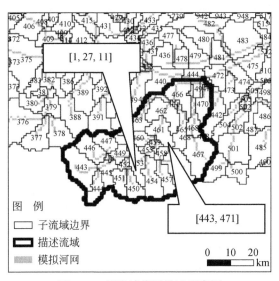

图 4-21　子流域范围描述示意图

3. 不同子流域编码规则特性比较

目前而言，能够满足子流域编码要求的编码方法只有 3 种，即 Pfafstetter 编码规则（Verdin and Verden，1999；罗翔宇等，2006）、二叉树编码规则（李铁建等，2006；王皓等，2009；LI et al.，2010）及多叉树编码规则（Wang et al.，2013）。本节通过详细比较不同编码方法的内在性质及对子流域编码新要求的满足情况，分析各编码方法的优缺点。通过对比，说明干支拓扑编码规则的优势。

1）多支汇流及单支汇流处理能力。根据改进规则，Pfafstetter 编码可有效支持单支汇流，但对多支汇流支持略显不足（雷晓辉等，2009，2011）。二叉树编码是一种基于二叉树数据结构的编码，不支持单支汇流及多支汇流。王皓等（2009）引入虚拟水系的概念使得二叉树编码能够支持单支汇流及多支汇流，但因引入虚拟节点从而增加编码复杂度，且破坏原编码直接计算相邻上下游编码的优势。多叉树编码则可完美实现单支、双支及多支汇流情形。同样干支拓扑码也可有效支持所有汇流类型（图 4-22）。

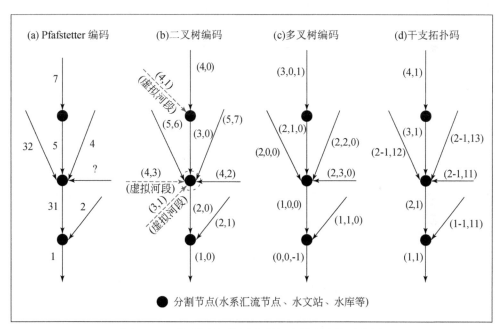

图 4-22　不同编码规则对各种汇流类型支持示意图

2）能处理多出水口，主要是沿海流域。关于多出水口支持功能，只有雷晓辉等（2009，2011）有所论述，且提出相应解决方案。他们采用在原有编码前面加上 4 个数字表示流域出口编码。事实上，类似于多元干支拓扑码，只要额外引入一个水系标识码即可支持多出水口编码。因此，可以认为所有编码规则都可以支持多出水口处理。

3）能够实现相邻子流域编码的快捷计算。Pfafstetter 编码需要采用"搜索"

的方法查找相邻子流域编码。以相邻上游子流域编码计算为例，首先，搜索整个编码空间，查找目标子流域的所有上游子流域，即所有编码大于目标子流域（这里大于指按编码字符从左到右逐个比较）。其次，在上游子流域子集合中，根据规则查找其中最小的几个子流域（同样按编码字符从左到右逐个比较），即得相邻上游子流域。"搜索"方式使得相邻上下游编码计算效率较低。二叉树编码则能很好地支持上下游相邻编码的直接计算。多叉树结构不能直接支持上下游相邻编码的计算，但可通过目标编码快速定位到对应下游编码，相比于 Pfafstetter 的"搜索"算法效率提高很大。干支拓扑码可连续计算下游子流域的主要标识码。通过使用上游数目码可直接计算相邻上游子流域的主要标识码。

此外，由于 4 种编码规则基本结构也有相当大的差异，不同编码规则还拥有自身独特的特性。这些特性决定了编码规则所具有的功能，同时也决定了其适用范围。不同编码规则特性比较见表 4-4，不一一论述。

表 4-4　不同编码规则特性比较

干支拓扑码编码	Pfafstetter 编码	二叉树编码	多叉树编码
支持单支、双支、多支编码	支持单支、双支编码，对多支编码支流较弱	支持双支编码，牺牲部分运算效率可支持单支、多支编码	支持单支、双支、多支编码
继承式编码规则	继承式编码规则	内涵式编码规则	内涵式编码规则
编码级别同河流级别对应	编码级别同河流级别不对应	编码级别同河流级别不对应	编码级别同河流级别不对应
编码本身能够反映河网拓扑关系	编码本身能够反映河网拓扑关系	编码本身不能反映河网拓扑关系	编码本身不能反映河网拓扑关系
通过编码本身比较即可确定上下游关系	通过编码本身比较即可确定上下游关系	需要通过运算才能确定上下游关系	需要通过运算才能确定上下游关系
可直接计算相邻上下游流域编码	不可直接计算相邻上下游流域编码，需遍查整个编码空间	可直接计算相邻上下游流域编码	不可直接计算相邻上下游流域编码，可快速实现从上游向下游定位
无编码容量限制	无编码容量限制	有编码容量限制	无编码容量限制
编码依赖河网拓扑结构，河网结构发生变化时无须重新编码，使用更新规则更新即可	编码依赖河网拓扑结构及河流汇流面积，河网结构发生变化时需重新编码	编码依赖河网拓扑结构，河网结构发生变化时无须重新编码，使用更新规则更新即可	编码依赖河网拓扑结构，河网结构发生变化时无须重新编码，使用更新规则更新即可

4. 基于栅格的干支拓扑码编码流程

干支拓扑码可有效支持栅格河网（或子流域）编码，也可支持矢量河网

（或子流域）编码，只要知道各河流流向，以及相关干支拓扑关系即可。由于分布式水文模型从 DEM 提取河网及子流域的方法应用较广，本研究对从栅格河网进行子流域划分及编码进行研究，提出一种程序实现子流域划分自动化。基于栅格的子流域编码程序所需输入文件见表 4-5。这些栅格信息文件均可使用 ArcGIS 从基础 DEM 提取或手动绘制获取。河流干流干支拓扑编码流程图如图 4-23 所示。该流程图表示对某一个河流干流进行编码的流程，对其支流需要另起子程序进行处理，子程序具有相同的结构。编码过程中，逐个处理水系出水口，按流向向上游递归调用该流程，直到所有河流都处理完。程序生成子流域上下游拓扑关系属性表，以供水文模型等其他程序过程使用（表 4-6）。

表 4-5　基于栅格的子流域编码程序所需输入文件

文件名	文件说明
Outlet	记录流域所有出水口的栅格图层。其中，每个出水口具有唯一的编号（大于 0 表示出水口）。主要用以实现含多出水口流域编码
Stream	模拟河网栅格图层，其中，大于 0 表示河网栅格，0 表示非河网栅格
FlowDir	使用 D8 算法计算的流域栅格流向
FlowAcc	流域汇流累积数
HydroSplit	记录流域各栅格分割点类型，使用一些常数表示。Inlet Symbol 表示水系入口，即在河网向上游追溯的时候，如果遇到该标识，则停止向上游追溯；Split Symbol 表示河段分割点，该分割点可以是水文站位置、水库位置，也可以是其他人工划分的分割点

注：所有输入数据均由 ArcGIS 制取后，转化成 ASC 格式的栅格文件，以供程序使用

表 4-6　子流域上下游拓扑关系属性表

子流域索引码	下游相邻子流域索引码	上游相邻子流域索引码 1	上游相邻子流域索引码 2	上游相邻子流域索引码 3	河流所处级别	水系标识码	干流流程码	支流流程码	上游数目码
1	3	0	0	0	1	1	93	1	0
2	3	0	0	0	2	1	92-1	11	0
3	5	1	2	0	1	1	92	1	2
4	5	0	0	0	2	1	91-1	11	0
……									

注：本表中上游相邻子流域索引有 3 个，表示当前流域最大有 3 个上游子流域流入相同子流域，具体个数根据实际河网而定，程序可自动计算并相应增加或减少数量

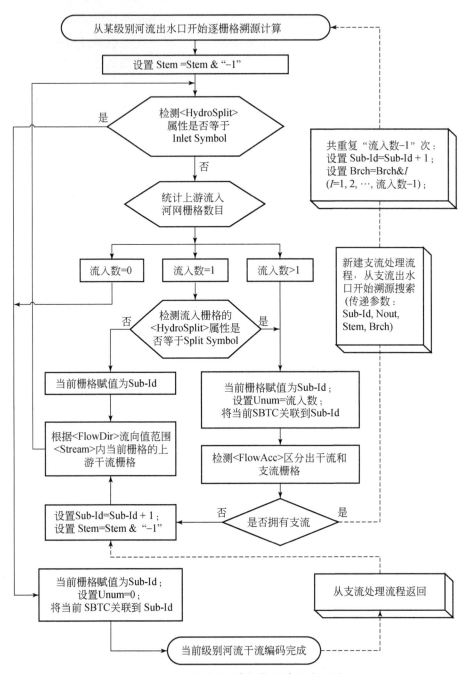

图 4-23　河流干流干支拓扑码编码流程图

注：“<>”表示使用输入栅格图层中对应栅格数值。Nout 表示水系标识码；Stem 表示干流流程码；Brch 表示支流流程码；Unum 表示上游数目码；SBTC 表示干支拓扑码（由对应四元素组合）；Sub-Id 表示子流域索引号；& 操作表示字符连接，如 "3-4-2" & "1" = "3-4-2-1"

5. 渭河流域子流域编码应用实例

为检验干支拓扑码的具体效果，以渭河流域为例，进行子流域划分（图4-24～图4-28）。从图4-24～图4-28中可以看出，干支拓扑码能够实现水文模型对子流域划分所提出的新要求，如以水文站、水库进行分割，多汇流情况处理，平原区山区分割，以及自动加密等。

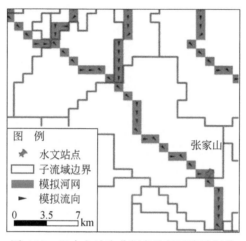

图 4-24　以水文站为分割点进行子流域划分

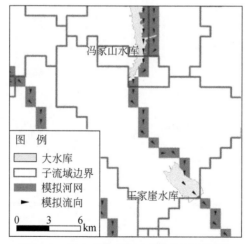

图 4-25　以水库为分割点进行子流域划分

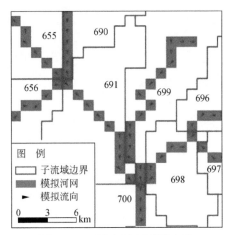

图 4-26 对多汇流情况的支持

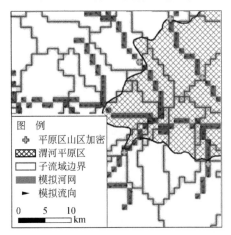

图 4-27 以山区平原区边界进行子流域划分

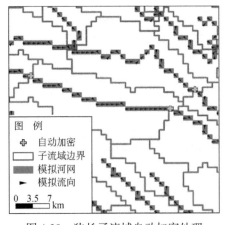

图 4-28 狭长子流域自动加密处理

第5章 流域水沙过程模拟模型及其过程参数率定

流域水沙过程是一个连续的动态物理过程，第4章结合黄土区流域水沙过程的自然特点完成了流域水沙耦合模型的理论构建，为了减少"异参同效"、不确定性等问题，使模型尽量反映流域实际过程，采用野外调查、试验监测数据结合研究区相关文献对模型的参数进行率定和验证。模型的计算时段步长设定为强降雨入渗产流过程采用1小时，坡地与河道汇流过程采用1小时，而其余的过程采用1天。

雨滴溅蚀过程是降落雨滴打击土面所造成的分散土粒以击溅跃移形式搬运的侵蚀过程，也是坡地侵蚀过程中极为普遍的一种侵蚀方式，它是构成土壤侵蚀的重要组成部分。然而，由于具有物理基础模型计算需要利用风速、雨滴直径、落地终速等众多参数，计算单个雨滴的动能，并根据降雨强度推算雨滴的密度，才能在此基础上综合地面坡度等因子计算侵蚀量。由于观测资料的不易获得性和降雨过程的复杂性，本书的降雨溅蚀过程直接采用适合于研究区的经验公式和参数进行计算。下面进行流域泥沙过程中其他参数的率定。

5.1 模型的搭建

模型的搭建主要包括基础信息采集、前处理、模型的参数率定与验证等过程。

5.1.1 基础信息采集

信息是基于物理过程的分布式水沙耦合模型对流域水沙过程进行模拟和描述的基础。信息是否准确体现模拟对象的真实环境直接决定着模拟结果的好坏。本研究中构建的分布式水沙耦合模型所需的基础信息见表5-1。

表 5-1　模型所需的基础信息

数据类型	项目	数据内容
地表高程信息	DEM	30m 空间分辨率
河网	水系及分区	河流形态信息
	河道断面	典型断面资料
气象水文	日降水	水文站逐日雨量信息
	小时降水	水文站逐日小时降水信息
	风速	气象站逐日风速资料
	气温	气象站逐日气温资料
	日照	气象站逐日日照资料
	湿度	气象站逐日湿度资料
	实测径流	水文站逐日实测径流信息
	还原径流	水文站逐月还原径流信息
水利水土保持工程	水利工程	大型水库的基础信息
	水土保持	系列全流域各县水利统计年鉴水土保持信息
土地利用/覆被	土地利用	1∶100 000 土地利用图
	植被指数	逐旬植被指数
	植被覆盖度	逐旬植被覆盖度
	叶面积指数	逐旬叶面积指数
土壤信息	《中国土壤分类图》;《中国土种志》	1∶1 000 000 和 1∶100 000
水文地质	《中国水文地质分布图》	水文地质参数、岩性分布及含水层厚度

本书主要用到的 DEM 数据是美国国家航空航天局发布的 30m 分辨率数据 (https://wist. echo. nasa. gov/ ~ wist/api/imswelcome/) 。其他数据依据具体的应用不同, 其来源和精度有所不同。

5.1.2　前处理

分布式水沙耦合模型的计算平台是基于 DEM 提取的流域数字特征, 包括河网信息、子流域信息、等高带信息等。同时需要在此基础上对输入数据按照空间和时间需求进行组织, 进而形成具有流域水沙过程模拟能力的计算平台。

模型前处理的主要工作包括河网编码、子流域及等高带划分, 降水及相关气象要素的时空展布, 下垫面要素信息的综合处理等。

（1）河网编码、子流域及等高带划分

研究中主要利用 ArcGIS 9.2 和罗翔宇等（2003，2006）开发的基于 DEM 与实测河网的流域编码及等高带划分方法，进行流域数字特征平台的构建。该过程共分为模拟河网提取与修正、子流域编码和等高带划分三个步骤。由于研究区域处于黄土高原地区，地面高程变化较大，提取后的数字河网没有出现平行河网等问题，与河网实际符合较好。目前该过程已经实现程序化处理：采用 ArcGIS 9.2 对下载的 DEM 数据进行处理和转换为程序所需的原始 DEM、流向、汇流累计数、汇流长度、栅格坡度等数据文件后，可以直接生成模型所需的河网、子流域和等高带等属性数据。本研究中建立的模型河道汇流阈值均为 50 个栅格数。

（2）降水及相关气象要素的时空展布

降水数据是模型的主要驱动数据。在相同的下垫面条件下，如果降雨强度不同，产流与产沙机制也会出现很大的不同（张科利，1991a）。泾河流域的降水虽然年降水量较少，但降雨特征差异大，全年约 60% 降雨量集中在 6～9 月，夏季多为短历时暴雨，往往造成强烈的土壤侵蚀，其他季节降雨则很少产生地表径流。这种短历时强降雨过程中复杂的土壤结皮、超渗产流机制使地表快速产流（程琴娟等，2005），水流侵蚀能力迅速增强，对地表形成强烈侵蚀。因此，降水强度的日内分布对地表产汇流过程和侵蚀输沙过程的影响非常显著。然而，获得完整长系列的短历时降雨资料难度很大。周祖昊等（2005，2006）选取 10mm 为强降雨临界值（一般认为黄土高原地区日降雨量大于 12mm 的降雨为侵蚀性降雨）（谢云等，2001），通过分析实测短历时降雨资料，建立了日雨量–雨力关系模型，并分区率定了模型的参数，较好地实现了日强降雨资料的向下尺度化问题。

本研究的降雨资料主要为雨量站的逐日降雨量数据，为了准确反映泾河流域降雨特点，采用周祖昊等（2005，2006）的研究成果对输入的降雨资料数据进行处理。处理过程包括日降水量资料的空间展布和降雨量大于 10mm 的日降雨过程向下尺度化到小时降雨量两个过程。

对日降雨资料的空间展布，首先根据站点降雨量之间的相关系数选取参证站点，然后依据资料情况采用距离平方反比法或采用泰森多边形法把站点的日雨量插补到空间计算单元位置。

对日降雨向下尺度化到小时降雨量过程：先进行雨力计算

$$S = a_i H + b_i + \varepsilon_i \tag{5-1}$$

式中，S 为雨力；H 为日降雨量；a_i、b_i 为参数；ε_i 为残差。周祖昊等（2005，2006）将黄河流域分为五个降雨区划，本研究的研究区域位于黄河中游地区，属于第三区。对应地将 a_i、b_i 值设为参数 0.4108、3.6121。然后将得到的雨力值 S

代入公式

$$H = iT = \frac{S}{T^{n-1}}$$ (5-2)

式中，i 为雨强；T 为降雨历时；n 为降雨衰减系数，取 $n = 0.504$。计算得到每日的降雨历时 T，然后代入公式

$$i = \frac{S}{T^n}$$ (5-3)

计算得到雨强 i。

（3） 下垫面要素信息的综合处理

下垫面要素信息是分布式水沙耦合模型的重要输入参数。本研究中利用的下垫面要素数据包括土壤、水文地质、植被、土地利用、水土保持和水利工程等。根据具体数据源及其格式的不同，具体的处理过程也有所不同。具体过程参考《黄河流域水资源及其演变规律研究》（王浩等，2010）一书。

5.1.3 模型参数率定与验证

模型参数率定过程是按照模型框架需求，对模型参数进行调整使模型准确反映研究对象真实世界客观规律的过程。模型验证则是对模型参数率定结果的可靠性和准确性的检验。验证标准一般有 Nash-Sutcliffe 效率系数、相关系数、相对误差等。本研究中为了使模拟的水沙过程尽量准确反映真实变化过程，率定标准为在保证 Nash-Sutcliffe 效率系数和相关系数尽量接近 1 的条件下，相对误差越小越好。

5.2 评价方法与指标

评价模型校验的好坏，本书主要采用指标为 Nash-Sutcliffe 效率系数、相关系数、相对误差等。为了使模型能够更好地模拟水沙过程，进行调参数时优先保证 Nash-Sutcliffe 效率系数、相关系数相对较高。

（1） Nash-Sutcliffe 效率系数

Nash 与 Sutcliffe 在 1970 年提出了模型效率系数（也称确定性系数）来评价模型模拟结果的精度，它更直观地体现了实测过程与模型模拟过程拟合程度的好坏，公式如下：

$$\text{Nash} = 1 - \frac{\sum_{i=1}^{n} (Q_i - q_i)^2}{\sum_{i=1}^{n} (q_i - \bar{q})^2}$$ (5-4)

式中，Nash 为 Nash-Sutcliffe 效率系数，其值越接近于 1，表示实测与模拟流量过程拟合得越好，模拟精度越高；Q_i 为模拟值；q_i 为实测值；$\bar{q}$ 为实测平均值。

（2）相关系数

相关系数是对两个变量之间关系的量度，考查两个事物之间的关联程度。相关系数的绝对值越大，相关性越强，相关系数越接近于 1 和-1，相关度越强；相关系数越接近于 0，则相关度越弱。其计算公式如下：

$$r_{xy} = \frac{n \sum XY - \sum X \sum Y}{\sqrt{\left[n \sum X^2 - \left(\sum X \right)^2 \right]\left[n \sum Y^2 - \left(\sum Y \right)^2 \right]}} \quad (5\text{-}5)$$

式中，r_{xy} 为相关系数；n 为系列的样本数；X、Y 分别代表实测系列和模拟系列的数值。通常情况下，$|r_{xy}|$ 在 0.8 ~ 1.0，为极强相关；在 0.6 ~ 0.8，为强相关；在 0.4 ~ 0.6，为中等程度相关；在 0.2 ~ 0.4，为弱相关；在 0 ~ 0.2，为极弱相关或无相关。

（3）相对误差

相对误差是整个模拟期模拟值与实测值的差值与实测值的百分比，径流量误差绝对值越接近于零越好。

$$D_v = \frac{R - F_0}{F_0} \times 100\% \quad (5\text{-}6)$$

式中，D_v 为模拟相对误差（%）；F_0 为实测值均值；R 为模拟均值。

5.3 研究区介绍

模型参数率定主要以南小河沟流域水沙过程为研究对象（图5-1）。南小河沟小流域地处甘肃省庆阳市西峰区境内，系泾河二级支流，位于东经 107°30′00″ ~ 107°37′00″，北纬 37°41′00″ ~ 35°44′00″，总面积为 36.3km² （十八亩台径流站控制面积为 30.65km²）。流域长约 13.6km，平均宽度为 3.4km，形状系数为 4，海拔为 1050 ~ 1423m，相对高差为 373m，沟道发育以主沟道为框架，支毛沟纵横交错，地形破碎度高，沟壑密度为 2.68km/km²，沟道平均比降为 2.8%。流域内主要地貌单元为塬、坡、沟：塬面地形平坦，坡度一般在 5°以下；梁峁坡为塬面与塬边之间连接的缓坡带，坡度一般在 10° ~ 20°；梁峁坡以下为沟谷，其横断面形状呈 "V" 形，两侧沟坡坡度一般在 25°以上，是典型的高塬沟壑区。

流域内多年均降水量为 523.4mm，历史最大年降水量（2003 年）为 743.1mm，最小年降水量（1997 年）为 330.0mm，降水量年际变化大，年内分布不均，其中 7 ~ 9 月降水量占全年降水量的 63.0%。年平均气温为 8.7℃，年积温为 2700 ~ 3300℃，年均日照时数为 2454.1h。

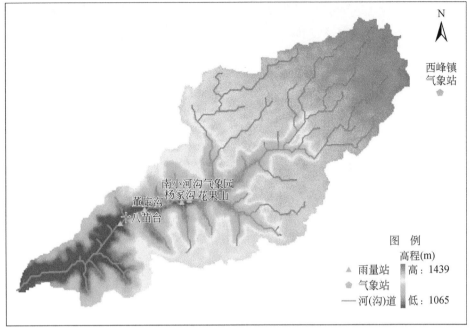

图 5-1　南小河沟流域及水文气象站位置示意图

　　流域内土壤类型以黑垆土、黄绵土为主。其中，黑垆土广泛分布于塬面，黄绵土主要分布于塬面以下沟坡部位。流域内地质构造较为单一：塬面和坡面表层为马兰黄土，土质疏松，湿陷性大、透水性好，垂直节理明显；马兰黄土下部依次为离石黄土、午城黄土、红黏土，其黏粒含量、容重及不透水性依次增大。

　　流域属暖温带森林草原植被带，无天然林分布。天然植被以白羊草加本氏针茅群落和铁杆蒿群落为主。经过多年治理，流域内已形成以刺槐、油松、山杏、侧柏、杨树、柳树、狼牙刺、沙棘等为主的人工林，以及以紫花苜蓿为主的人工牧草地。

　　流域内的水土流失形式以水力侵蚀和重力侵蚀为主，伴有风蚀。其水土流失主要特征表现为：径流主要来自塬面，侵蚀产沙主要来自沟谷；水力侵蚀形态主要为面蚀和沟蚀；面蚀以鳞片状侵蚀为主，主要发生在塬面、梁、峁、坡等植被较差的坡耕地和牧荒地上；沟蚀主要发生在沟谷和塬边陡坡区，是径流汇集的产物。重力侵蚀主要为崩塌、滑塌和泻溜；崩塌主要发生在切沟和冲沟两侧的陡壁，泻溜多发生在较陡的沟坡位置，滑坡多发生在下垫面有倾斜不透水层的地方。一年四季各种侵蚀方式交替进行，春季土壤解冻，水分蒸发，冷热变化剧烈，斜坡和谷坡的泻溜侵蚀严重；夏、秋季水蚀严重，尤其在 7 ~ 9 月，水蚀、重力复合侵蚀最为严重；冬季至来年春季，植被覆盖度低，多发生轻微风蚀。

由于南小河沟流域独特的气候和地貌形态，流域内的产水产沙表现出如下特点：一是流域内的产水产沙事件有明显的季节性，主要发生在每年的 7～10 月；二是没有稳定的河川径流，对地下水的唯一补给来源只能是大气降雨的垂直渗入；三是地下水不直接参与土壤水分的垂直循环；四是土壤水分在长期循环过程中，在垂直剖面已经形成了地表活动层和土壤含水量相对稳定层两个明显的层次；五是地形破碎，下垫面条件空间变异性大，小气候条件对水量转化过程的影响较大。

流域内设杨家沟和董庄沟两个观测站。杨家沟测站始建于 1954 年，是以林草措施为主、与工程措施结合的人工治理沟，董庄沟则是非人工治理沟（不施加人类活动）。两者进行水土流失规律和水土保持效益研究的对比观测，以达到了解小型沟谷单元以生物为主的治理效益、研究支沟的治理措施和方法及进行小流域土壤侵蚀类型与特征等方面试验研究的目的。

5.4 薄层水流侵蚀模型基本参数的率定

参数率定的技术方案为：首先，初步搭建南小河沟流域的分布式水沙耦合模型；其次，对模型中试验观测小区所对应计算单元的模型参数依据实际情况进行设置；最后，通过调整模型的产汇流和薄层水流侵蚀参数，将计算的产流和产沙结果与典型野外观测小区的实测资料对比，确定最优的薄层水流侵蚀过程模拟参数。其中，模型的搭建过程将结合 5.2 节内容进行介绍。由于监测资料为次降雨产流产沙事件，采用逐日径流过程进行模拟和参数率定。

5.4.1 资料与方法

（1）试验监测数据与地形参数设置

进行模型率定的资料为南小河沟水土保持监测试验站 2007～2010 年野外标准小区的水土流失监测数据。共包括 18 个、4 种不同类型的观测小区，观测小区在流域中的位置见图 5-2，具体情况如表 5-2 所示。监测小区涵盖了南小河沟裸地、油松沙棘混交林、刺槐林、油松林四种最主要的下垫面类型。由于观测小区规模较小，地形相对平坦，细沟发育程度有限。其中，裸地小区由于要保持裸地状态，每年进行除草等措施，区域内 25°以下小区细沟发育微弱，30°和 35°小区内发育较多短小的细沟；油松林小区内有固定的细沟 1 条，长约为 4.5m，宽为 0.1～0.3m，深为 0.01～0.35cm，其他小区细沟发育微弱（2009 年调查结果）。因此，小区产流过程属于典型的薄层水流侵蚀。

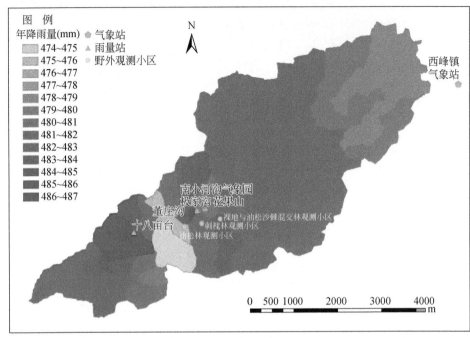

图 5-2　南小河沟流域野外观测小区及 2007~2010 年平均降雨量空间分布图

表 5-2　观测小区基本情况

小区编号	小区类型	土质	坡度	坡长（m）	坡宽（m）	面积（m²）	微地形特征
LD11	裸地	黄土	5°	20	5	100	人工整修
LD12	裸地	黄土	5°	20	5	100	人工整修
LD21	裸地	黄土	10°	20	5	100	人工整修
LD22	裸地	黄土	10°	20	5	100	人工整修
LD31	裸地	黄土	15°	20	5	100	人工整修
LD32	裸地	黄土	15°	20	5	100	人工整修
LD41	裸地	黄土	20°	20	5	100	人工整修
LD42	裸地	黄土	20°	20	5	100	人工整修
LD51	裸地	黄土	25°	20	5	100	人工整修
LD52	裸地	黄土	25°	20	5	100	人工整修
LD61	裸地	黄土	30°	20	5	100	人工整修
LD62	裸地	黄土	30°	20	5	100	人工整修
LD71	裸地	黄土	35°	20	5	100	人工整修
LD72	裸地	黄土	35°	20	5	100	人工整修

小区编号	小区类型	土质	坡度	坡长 (m)	坡宽 (m)	面积 (m²)	微地形特征
HJ11	油松沙棘混交林	黄土	31°40′	20	5	100	水平阶整地
HJ12	油松沙棘混交林	黄土	30°10′	20	5	100	水平阶整地
杨 9	刺槐林	黄土	34°10′	36.5	5	184	直形凹坡
魏 1_1	油松林	黄土	10°30′	24.4	5	126	直形坡地

监测数据共包含 2007 ~ 2010 年的 215 场次小区产水产沙观测资料。其产流产沙事件均发生在 7 ~ 9 月，监测数据项目包括降雨量、降雨起止时间、平均雨强、浑水径流深、清水径流深、产沙量等。

由于观测试验小区的四周均进行了挡水设计，选取子流域内第一个等高带用于小区产水产沙模拟。对应等高带的部分参数设置见表 5-3。

表 5-3　模拟产水产沙等高带参数设置

编号	对应小区编号	土地利用类型	土质	坡度	长 (m)	宽 (m)
1	LD11	裸地	壤土	5°	20	5
2	LD12	裸地	壤土	5°	20	5
3	LD21	裸地	壤土	10°	20	5
4	LD22	裸地	壤土	10°	20	5
5	LD31	裸地	壤土	15°	20	5
6	LD32	裸地	壤土	15°	20	5
7	LD41	裸地	壤土	20°	20	5
8	LD42	裸地	壤土	20°	20	5
9	LD51	裸地	壤土	25°	20	5
10	LD52	裸地	壤土	25°	20	5
11	LD61	裸地	壤土	30°	20	5
12	LD62	裸地	壤土	30°	20	5
13	LD71	裸地	壤土	35°	20	5
14	LD72	裸地	壤土	35°	20	5
15	HJ11	油松沙棘混交林	黏壤土	31°40′	20	5
16	HJ12	油松沙棘混交林	黏壤土	30°10′	20	5
17	杨 9	刺槐林	粉砂壤土	34°10′	36.5	5
18	魏 1_1	油松林	黏壤土	10°30′	24.4	5

（2）模型输入资料

小区产水产沙过程涉及的水沙过程主要包括降雨、植被截留、雨滴溅蚀、蒸发、填洼、入渗、地表产汇流及薄层水流侵蚀过程。模型输入数据主要包括水文气象、植被数据、土壤属性数据、土地利用数据等。其中，植被叶面积指数与部分土壤属性数据采用试验观测值作为输入。

南小河沟流域主要林地类型为人工营造的刺槐和油松林。2009 年 7 ~ 9 月在刺槐试验小区和油松试验小区进行了叶面积指数观测试验。观测仪器为美国 LI-COR 公司生产的 LAI-2000 叶面积仪，观测时段依据试验小区产水产沙时段设定为 7 月 2 日 ~ 9 月 11 日，每隔 10 天测量一次，测量时间为傍晚无太阳直射时。观测结果表明，刺槐的叶面积指数在 7 月底达到最大，9 月后开始下降；油松的叶面积指数在 7 月和 8 月保持相对稳定数值，9 月后开始下降。叶面积指数测量结果见表 5-4。

表 5-4　叶面积指数测量结果

月	日	刺槐 LAI 值	油松 LAI 值
7	5	2.24	—
7	11	3.33	2.82
7	23	2.44	2.825
8	1	2.085	2.425
8	11	2.2	3.03
8	23	2.23	2.365
9	1	1.96	2.38
9	11	1.695	2.38

土壤质地采用实测数据进行。土壤质地测定试验分别采集了不同类型小区各 3 个表层土壤样品。样品分析采用中国科学院水利部水土保持研究所黄土高原土壤侵蚀与旱地农业国家重点实验室的 Masterixer 2000 型激光粒度仪进行。野外小区表层土壤平均粒径组成与分类见表 5-5。

表 5-5　野外小区表层土壤平均粒径组成与分类

观测小区类型	不同粒径比例（%）			质地名称
	<0.002mm	0.002 ~ 0.02mm	>0.02mm	
裸地小区	14.50	36.74	48.68	壤土
油松沙棘混交林	16.23	33.64	48.89	黏壤土
刺槐林小区	13.40	50.62	35.28	粉砂壤土

观测小区类型	不同粒径比例（%）			质地名称
	<0.002mm	0.002~0.02mm	>0.02mm	
油松林小区	15.61	37.16	46.39	黏壤土

土壤含水量数据采用裸地试验小区所在坡面布设的土壤水分、温度及日照监测数据进行确定。选取监测数据的最小值作为土壤分子最大持水率，最大值作为土壤饱和含水量。图 5-3 为裸地试验小区坡面不同深度土壤含水量变化图。

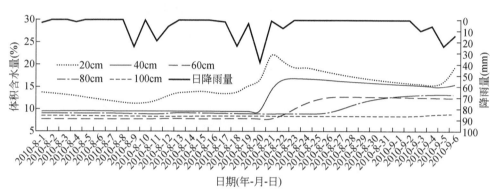

图 5-3　裸地试验小区坡面不同深度土壤含水量变化图

（3）参数率定与验证方法

由于观测小区产流产沙事件涉及模型的入渗、地表产流、地表汇流、雨滴溅蚀和薄层水流产沙等过程，具体率定参数时先进行小区产流过程参数率定，然后在此基础上进行薄层水流侵蚀过程参数率定和验证。

按照观测小区的重复设置，将观测数据分为两组（表 5-6），其中，第一组数据用于模型参数的率定，第二组用于率定后的参数验证。

表 5-6　野外试验小区观测数据分组

分组	小区编号	产流产沙事件数
率定组	LD11、LD21、LD31、LD41、LD51、LD61、LD71、HJ11、杨 9、魏 1_1	109
验证组	LD12、LD22、LD32、LD42、LD52、LD62、LD72、HJ12、杨 9、魏 1_1	110

5.4.2　结果与分析

薄层水流侵蚀模型的率定分两步进行：首先，给定通过调整坡面产流敏感参数注地储留深、渗透系数、土壤厚度等参数率定小区坡面产流；其次，在此基础上率定土壤临界抗剪强度、土壤可蚀性系数和薄层水流挟沙能力系数。

对径流过程，选择其敏感参数进行调参（Jia et al.，2006），这些参数包括注地储留深、土壤渗透系数、土壤层厚度。模型校准参数率定的准则：模拟期产流量误差尽可能小，Nash-Sutcliffe 效率系数尽可能大，模拟产流量与观测产流量的相关系数尽可能大。经率定，观测到产水产沙事件对应时刻模拟计算的产水、产沙值与观测值之间的 Nash-Sutcliffe 效率系数分别为 0.8、0.67，相关系数分别为 0.90、0.85，相对误差分别为 0.10、−0.14。从图 5-4 和图 5-5 可以看出，模型能够较好地模拟观测小区坡面产水产沙过程。产沙过程参数值见表 5-7 ～ 表 5-9。

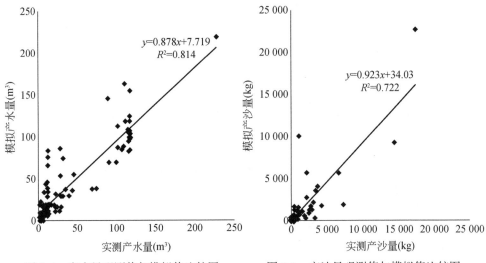

图 5-4　产水量观测值与模拟值比较图　　图 5-5　产沙量观测值与模拟值比较图

表 5-7　产流过程参数率定

参数		率定值
土壤层厚度（m）	第一层土壤厚度	0.2 ～ 0.35
	第二层土壤厚度	0.2 ～ 0.45
	第三层土壤厚度	2.8 ～ 30
渗透系数（cm/s）	第一层土壤	0.000 04 ～ 0.000 5
	第二层土壤	0.000 04 ～ 0.000 5
	第三层土壤	0.000 02 ～ 0.000 4
注地储留深（mm）	林地	25 ～ 35
	裸地	5 ～ 10

参数		率定值
Manning 糙率系数	林地	0.3 ~ 0.4
	裸地	0.04 ~ 0.08

表 5-8　细沟在不同土地利用类型中发生的面积比例

下垫面类型	植被裸地域			灌溉农田域	非灌溉农田域	水域	不透水域
	裸地	草地	林地				
细沟发生的面积比例	0.06	0.01	0.005	0.001	0.06	0	0

表 5-9　坡面产沙过程参数率定

侵蚀过程	参数	率定值	参考数值来源
雨滴溅蚀	雨滴溅蚀系数 k_1	5.985	吴普特等（1997）；江忠善等（1983，1996）
	降雨动能指数 α_1	0.544	
	雨滴溅蚀坡度指数 β_1	0.0471	
	降雨单位动能系数 k_1'	29.64	
	降雨单位动能雨强指数 α_1'	0.29	
	单宽流量输沙能力系数 k_2	8.983×10^6	王协康和方铎（1997）
	单宽流量输沙能力雨强指数 α_2	2.075	
	单宽流量水沙能力坡度指数 β_2	0.922	
薄层水流侵蚀	薄层水流侵蚀土壤可蚀性系数 k_3	60 ~ 170	郑良勇；张科利等（1991）
	土壤临界抗剪强度 τ_c	0.54 ~ 7.0	
	水流挟沙能力系数 k_4	300 ~ 350	Laflen 等（1991a，1991b）
	水流剪切力指数 α_4	0.67	
重力侵蚀	细沟沟壁发生重力侵蚀面积系数 k_6	0.0015	韩鹏等（2002，2003）

　　为了保证模型的稳定性，用对照组的数据进行了检验。对照组数据观测到的产水产沙事件对应时刻模拟计算的产水、产沙值与观测值之间的 Nash-Sutcliffe 效率系数分别为 0.73、0.58，相关系数分别为 0.86、0.89，相对误差分别为 0.13、0.15。从图 5-6 和图 5-7 可以看出，模型对观测小区产水产沙过程的模拟具有较好的稳定性。

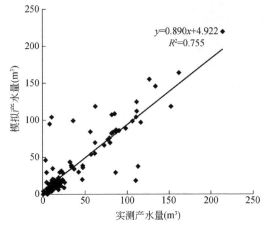

图 5-6　产水量观测值与模拟值比较图

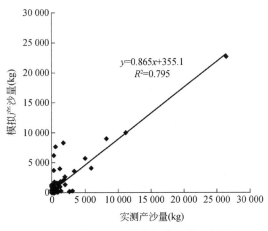

图 5-7　产沙量观测值与模拟值比较图

5.4.3　小结

本节利用南小河沟流域野外观测小区的产水产沙数据对水沙耦合模型的坡面产流、薄层水流侵蚀过程参数进行了率定和验证。结果表明，模型可以实现较高精度的小区产水产沙过程模拟，且模拟结果具有较好的稳定性，为模型其他参数率定及其在流域水沙过程的模拟奠定了基础。

5.5　小流域水沙过程参数率定与分析

利用南小河沟流域内的杨家沟和董庄沟小流域水沙过程观测资料及野外调查

试验资料对模型的股流侵蚀及其伴生的重力侵蚀过程、沟道水沙过程等的基本参数进行率定。

杨家沟和董庄沟小流域均位于南小河沟流域南岸，其中，杨家沟经过近60年的治理和保护，形成了塬、坡、沟三道防线和造林、种草两种主要水土保持措施的治理模式，治理度已经达到90%以上。由于该地区雨热同期，杨家沟雨季沟道内植被茂密，切沟侵蚀已经稳定，且塬边地区的重力侵蚀基本不能直接到达沟底形成产沙。而董庄沟经过近60年的撂荒，形成了以自然草地为主的植被类型，虽然沟道主体基本稳定，但切沟侵蚀、重力侵蚀依然较为活跃。由于下游淤地坝的影响，两个小流域沟口淤积均有逐年抬高趋势。

5.5.1 资料与边界条件设定

模型坡面产流、薄层水流侵蚀产沙过程等部分参数参照表5-7～表5-9进行取值，其他参数及边界条件设定如下。

（1）小流域流域数字特征

本研究基于30m分辨率DEM构建的南小河沟流域分布式水沙耦合模型，数字化后将流域共分为53个小流域、512个等高带。其中，杨家沟和董庄沟各为其中一个子流域（图5-8），每个子流域内各分为10个等高带，等高带平均面积均

图5-8 杨家沟与董庄沟小流域数字化示意图

图 5-9　研究流域的 QuickBird 遥感影像

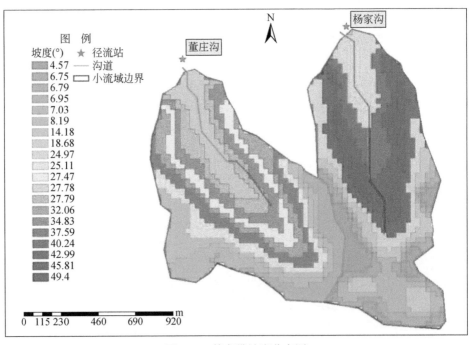

图 5-10　等高带坡度分布图

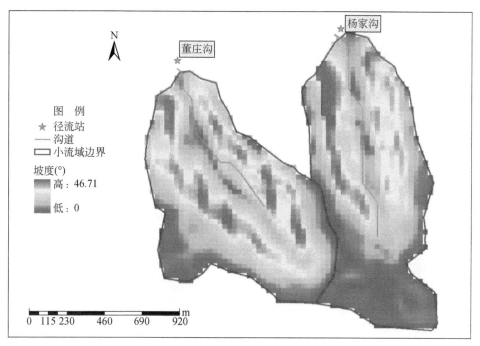

图 5-11　30m 分辨率 DEM 坡度图

为 0.102km²。流域的空间位置如图 5-9 所示。从表 5-10 可以看出，研究区域数字特征与实际值比较一致。

表 5-10　流域主要特征比较

项目	杨家沟		董庄沟	
	调查值	模拟值	调查值	模拟值
集水面积（km²）	0.87	1.02	1.15	1.03
沟道长度（km）	1.5	1.35	1.6	1.09
沟道比降（%）	8.46	11.8	8.93	5.89

　　对比图 5-9、图 5-10 和图 5-11 可以看出模型的等高带坡度信息很好地反映了研究流域塬面—塬面向塬边过渡带—塬边—沟坡—沟底的地形坡度连续变化特征。

（2）流域水文气象资料

　　采用十八亩台、董庄沟、杨家沟、花果山和西峰镇气象站记录的逐日平均降雨量资料进行南小河沟流域空间展布。其中，十八亩台、董庄沟、杨家沟、花果山四个雨量站位于南小河沟流域内，西峰镇气象站位于流域西北侧约 1km。其位置示意图及进行空间展布后的 2007～2010 年平均降雨量空间分布如图 5-12 所示。由于气象站与水文站对日降雨数据采用的时间点有差异，在保证总降雨量相同的情况下，依据流域内的日降雨资料对西峰镇雨量资料进行重新分配，然后再进行流域降雨的空间展布。气象资料为南小河沟试验站气象园与西峰镇气象站记录的数据。

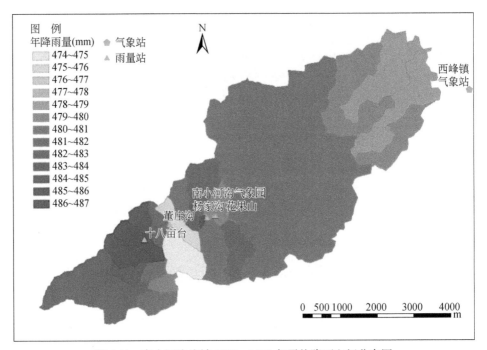

图 5-12 南小河沟流域 2007～2010 年平均降雨空间分布图

径流和泥沙资料为杨家沟出口和董庄沟出口观测站 2007～2010 年逐日水沙过程数据。从这些数据中可以发现，除雨季外两个小流域沟道内均没有径流过程。因此，模型的初始河道径流量均设为 0。

积雪融化系数（度日因子）及融化临界温度也是模型调试参数，均参照黄河流域分布式水文模型——WEP-L 模型设置（贾仰文等，2010）。

同时，为了消除模型初始化的土壤水分等其他误差，模型运行时间为 2005～2010 年，取 2007～2010 年计算的径流与输沙率结果进行模型参数的率定，2005～2007 年的水文气象数据均为西峰镇气象站数据。

（3）土壤、地下水与含水层

研究区域位于董志塬西缘，塬面位置土壤厚度大于 100m，沟道底部土壤厚度大于 10m（王岩和刘若琼，2005）。

模型中采用计算单元占最大面积的土壤类型为整个计算单元的土壤类型。研究区内的土壤类型主要有两种，塬面主要为黑垆土，沟坡区域主要为黄绵土（表5-11）。为此，在塬面和塬下的沟坡及沟道内采集了30个地表土壤样品进行表层土壤质地分析。按黑垆土和黄绵土的空间位置分别取平均值作为模型表层土壤的质地组成。对应的土壤特征水分参数参照5.1节及黄河流域分布式水文模型——WEP-L模型设置（贾仰文等，2005）。

表5-11　南小河沟流域土壤平均粒径组成

土壤类型	比例（%）						土壤质地
	<0.002mm	0.002~0.01mm	0.01~0.02mm	0.02~0.1mm	0.1~0.5mm	>0.5mm	
黄绵土	15.609	20.520	16.636	44.072	2.302	0.019	黏壤土
黑垆土	21.909	24.169	19.200	32.871	0.587	0.539	壤黏土

根据文献调研，西峰区近年来塬心水位埋在30m左右，含水层厚度约60m，水力坡度较小，为0.5%~0.6%，富水性强；塬边水位埋深一般大于70m，含水层厚度<15m，水力坡度较大，为3%~4%（翟有吉等，2003；魏玉涛和李中和，2010）。对潜水含水层，黄土塬区水平渗透系数为0.02m/d，垂直渗透系数为0.04m/d，给水度为0.08；沟谷区渗透系数为1.5m/d，给水度为0.2（黄阳等，2011）。根据上述参数对模型参数的设置见表5-12。

表5-12　地下水与含水层初始值设定

子流域编码	等高带编码	含水层渗透系数（m/d）	给水度	地下水多年平均埋深（m）	含水层厚度（m）	土壤层厚度（cm）	砂粒含量（%）	粉砂粒含量（%）	黏粒含量（%）	土壤质地编号
32	1	0.02	0.08	110.25	70	200.25	34	43.37	21.91	43
32	2	0.02	0.08	114.19	63	197.19	34	43.37	21.91	43
32	3	0.04	0.08	117.84	57	194.84	34	43.37	21.91	43
32	4	0.04	0.1	119.29	51	190.29	34	43.37	21.91	43
32	5	0.8	0.1	112.62	45	177.62	34	43.37	21.91	43
32	6	0.3	0.1	100.89	39	159.89	46.39	37.16	15.61	32
32	7	0.45	0.15	81.52	33	134.52	46.39	37.16	15.61	32
32	8	0.6	0.15	60.72	27	107.72	46.39	37.16	15.61	32
32	9	0.75	0.2	39.38	21	80.38	46.39	37.16	15.61	32
32	10	1.5	0.2	6.52	15	41.52	46.39	37.16	15.61	32

子流域编码	等高带编码	含水层渗透系数（m/d）	给水度	地下水多年平均埋深（m）	含水层厚度（m）	土壤层厚度（cm）	砂粒含量（%）	粉砂粒含量（%）	黏粒含量（%）	土壤质地编号
38	1	0.02	0.08	119.36	70	196.36	34	43.37	21.91	43
38	2	0.02	0.08	117.82	63	187.82	34	43.37	21.91	43
38	3	0.04	0.08	114.84	57	178.84	34	43.37	21.91	43
38	4	0.04	0.1	106.91	51	164.91	34	43.37	21.91	43
38	5	0.8	0.1	91.32	45	143.32	34	43.37	21.91	43
38	6	0.3	0.1	73.69	39	119.69	46.39	37.16	15.61	32
38	7	0.45	0.15	57.51	33	97.51	46.39	37.16	15.61	32
38	8	0.6	0.15	38.51	27	72.51	46.39	37.16	15.61	32
38	9	0.75	0.2	22.04	21	50.04	46.39	37.16	15.61	32
38	10	1.5	0.2	6.44	15	28.44	46.39	37.16	15.61	32

（4）水土保持与土地利用

杨家沟的水土保持措施主要有两个方面：塬面主要为防止水流直接下沟；沟坡内主要为植树种草。董庄沟则从 20 世纪 60 年代起除塬面农村居民活动外，基本没有人类活动的扰动。因此，这两个小流域的水土保持活动直接体现为土地利用类型的空间分布。

为准确反映南小河流域近年来的土地利用空间分布情况，与中国水利水电科学研究院遥感技术应用中心合作，购买了 2004 年 6 月的美国 QuickBird 遥感影像数据结合野外调查制作了土地利用类型图。QuickBird 遥感影像全色波段空间分辨率为 0.61~0.72m，多光谱覆盖蓝、绿、红、近红外 4 个波段，空间分辨率为 2.44~2.88m。利用 ENVI4.5 软件对全色波段和多光谱波段进行融合生成 1m 分辨率的彩色影像，并以此为基础结合野外实地调查采用监督分类的方法，对研究区域采用二级分类系统提取土地利用类型图。南小河沟流域 2004 年土地利用类型图如图 5-13 所示。利用该数据制作的土地利用类型图最小斑块分辨率可以达到 5m 以内，能够准确反映研究流域内的土地利用情况。

利用生成的土地利用类型图，分别提取杨家沟和董庄沟小流域土地利用情况（表 5-13）。其中，杨家沟流域主导土地利用类型为林地（50.23%），其次为塬面的旱地（24.04%），在连接塬面的缓坡带分布有少量耕地（12.92%）；董庄沟小流域的主导土地利用类型为草地（61.95%），其次为林地（15.64%）、部分平原旱地（8.76%）和坡耕地（6.61%）。

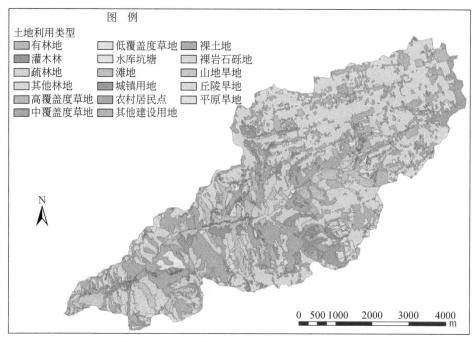

图例

土地利用类型
有林地	低覆盖度草地	裸土地
灌木林	水库坑塘	裸岩石砾地
疏林地	滩地	山地旱地
其他林地	城镇用地	丘陵旱地
高覆盖度草地	农村居民点	平原旱地
中覆盖度草地	其他建设用地	

N

0 500 1000 2000 3000 4000
m

图 5-13　南小河沟流域 2004 年土地利用类型图

表 5-13　研究流域土地利用情况

土地利用类型	杨家沟		董庄沟	
	面积（m²）	比例（%）	面积（m²）	比例（%）
有林地（21）	254 788.02	24.89	6 354.15	0.62
灌木林（22）	30 103.28	2.94	27 116.08	2.63
疏林地（23）	229 244.14	22.40	127 952.81	12.39
其他林地（24）	48 152.32	4.70	18 512.87	1.79
中覆盖度草地（32）	33 655.71	3.29	639 592.91	61.95
农村居民点（52）	49 304.54	4.82	23 091.90	2.24
其他建设用地（53）	0	0.00	33 210.13	3.22
山地旱地（121）	132 235.86	12.92	66 155.87	6.41
平原旱地（123）	246 086.43	24.04	90 429.21	8.76
合计	1 023 570.29	100.00	1 032 415.93	100.00

（5）植被数据

植被数据在 2009 年 7 ~ 9 月观测数据的基础上，参照黄河流域分布式水文模型——WEP-L 模型设置（贾仰文等，2005），按照森林、草地、都市树木、农作物四种类型对覆盖度、叶面积指数、冠层高度和根系深度进行逐月设定，具体植被参数见表5-14。

表5-14　植被参数

植被参数		1月	2月	3月	4月	5月	6月	7月	8月	9月	10月	11月	12月
森林	覆盖度	0.1	0.1	0.3	0.4	0.6	0.7	0.8	0.8	0.7	0.5	0.2	0.1
	叶面积指数	0.5	0.5	1.1	2.0	2.4	2.6	3	2.5	1.8	1	0.5
	冠层高度（m）	8	8	8	8	8	8	8	8	8	8	8	8
	根系深度（m）	3	3	3	3	3	3	3	3	3	3	3	3
草地	覆盖度	0.1	0.1	0.2	0.3	0.5	0.7	0.8	0.8	0.6	0.4	0.2	0.1
	叶面积指数	0.5	0.5	0.6	1	1.5	1.8	2	2	1.6	1.2	0.6	0.5
	冠层高度（m）	0.1	0.1	0.2	0.2	0.2	0.2	0.2	0.2	0.2	0.2	0.1	0.1
	根系深度（m）	0.5	0.5	0.5	0.5	0.5	0.5	0.5	0.5	0.5	0.5	0.5	0.5
都市树木	覆盖度	0.2	0.2	0.3	0.4	0.6	0.7	0.8	0.8	0.7	0.5	0.3	0.2
	叶面积指数	1	1	1.3	1.8	2.5	2.8	3	2.8	2.3	1.8	1
	冠层高度（m）	5	5	5	5	5	5	5	5	5	5	5	5
	根系深度（m）	2	2	2	2	2	2	2	2	2	2	2	2
农作物	覆盖度	0.01	0.01	0.1	0.2	0.3	0.5	0.7	0.8	0.1	0.1	0.01	0.01
	叶面积指数	0.01	0.01	0.1	0.5	1	2	3	3	0.1	0.1	0.01	0.01
	冠层高度（m）	0.1	0.1	0.2	0.2	0.3	0.5	0.5	0.5	0.5	0.5	0.1	0.1
	根系深度（m）	0.3	0.3	0.3	0.6	0.6	1	0.6	1	1	1	0.3	0.3

（6）汇流参数

汇流包括坡面汇流与河道汇流，均采用一维运动波模型计算。需要率定的参数为Manning糙率系数。它反映边界表面的粗糙程度对水流阻力的影响。其中，坡面汇流参数参照黄河流域分布式水文模型——WEP-L模型设置（贾仰文等，2005）。对河道Manning糙率系数，董庄沟河道下垫面为草地，而杨家沟沟内植被茂密，因此，与普通河道相比，沟道Manning糙率系数均需要加大。

（7）水沙过程参数

杨家沟和董庄沟小流域水沙过程均具备了流域水沙过程特点。水沙过程参数包括坡面水沙过程参数和河道水沙过程参数。坡面水沙过程中的雨滴溅蚀和薄层水流侵蚀过程参照表5-9取值，股流侵蚀过程则在前文室内试验的基础上进行率定。

对河道输沙过程参数，由于杨家沟和董庄沟沟道的宽高比较小，两侧沟坡坡度较大，将沟道断面概化为如图5-14所示的"V"形。则过水断面面积A_{flow}为

$$A_{flow} = \frac{h^2}{\tan\beta}$$ （5-7）

式中，h为清水水深；β为沟坡坡度，取45°。同时，取含沙水流与清水径流断面面积转换系数为1，在水量过程率定后根据沟道输沙率过程进行调整。

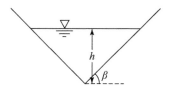

图 5-14　沟道断面概化示意图

此外，河道泥沙恢复饱和系数是一维恒定水流泥沙扩散方程重要的参数，根据韩其为和何明民（1997）的研究，在一般水力因素条件下，平衡时恢复饱和系数在 0.02～1.78，平均接近 0.5；一般淤积时为 0.25，冲刷时为 1。本研究中沟道与一般意义上的河道差别较大：非降雨时间沟道内基本没径流，降雨一般在夏季，此时杨家沟沟道内植被茂密，而董庄沟主要为草被，研究小流域沟道补给水流泥沙能力有限，因此，恢复饱和系数需要根据输沙率过程进行调整。

河道泥沙级配是河流泥沙过程计算的最基本参数。本研究采用 2009 年 8 月两个小流域的 2 次径流过程取得的泥沙样品级配作为模型输入值。根据表 5-15 的洪水过程泥沙样品颗粒级配，杨家沟小流域泥沙 d_{50}、d_{90} 分别为 0.015mm、0.055mm，董庄沟小流域泥沙 d_{50}、d_{90} 分别为 0.015mm、0.05mm。

表 5-15　研究区河道泥沙颗粒级配

粒径（mm）	比例（%）	
	董庄沟	杨家沟
<0.001	5.820	11.744
0.001～0.002	7.531	4.937
0.002～0.005	14.532	9.516
0.005～0.01	14.820	11.437
0.01～0.02	19.247	17.873
0.02～0.05	28.595	30.360
0.05～0.1	8.020	9.787
0.1～0.2	0.916	1.643
0.2～0.25	0.142	0.326
0.25～0.5	0.376	0.764
0.5～1	0.000	1.538

5.5.2　参数估算与率定

模型泥沙过程按照物理机制进行构建，模型参数估算和调整主要以各参数的物理意义为指导进行参数估算和调整。除了上述对研究流域实际调研和试验确定的模型参数与边界条件外，还需要通过比较研究流域沟口的径流和泥沙过程模拟值与实测值确定模型其他参数。根据 Jia 等（2006）对 WEP-L 模型参数敏感性分析，首先，对地表洼地最大储留深、河床材料导水系数、土壤层厚度、土壤最大含水率等参数按照径流过程进行估算和率定；其次，在此基础上对流域泥沙过程的股流侵蚀过程及其伴随的重力侵蚀过程、河道输沙过程进行率定。为了保证模拟的水沙过程能够较好地反映流域水沙趋势，进行调参时首先保证 Nash-Sutcliffe 效率系数、相关系数较高，其次是相对误差较小。

1. 侵蚀地貌参数

沟蚀是坡面重要的侵蚀地貌，对其空间分布的模拟是实现坡面水流侵蚀输沙特性非线性变化模拟的基础。其中，浅沟是黄土区人类耕作活动与自然侵蚀过程综合作用形成的"瓦背状"侵蚀地貌，其对坡面水流有加速汇集、加强坡面水流侵蚀能力的作用（张科利和唐克丽，1992），由于坡耕地在黄土区广泛分布，浅沟侵蚀成为黄土区坡面侵蚀的重要产沙类型（唐克丽，1991）。切沟侵蚀区则是黄土沟坡区最主要的侵蚀和泥沙来源地（程宏和伍永秋，2003）。通过调查发现，杨家沟和董庄沟小流域的浅沟和切沟具有相似的分布特征，其中，浅沟主要分布在塬面向沟坡过渡的旱地上，切沟则主要分布在塬面向沟坡过渡带的下半部分及沟道两侧坡面与塬边接触部分（图 5-15、图 5-16）。

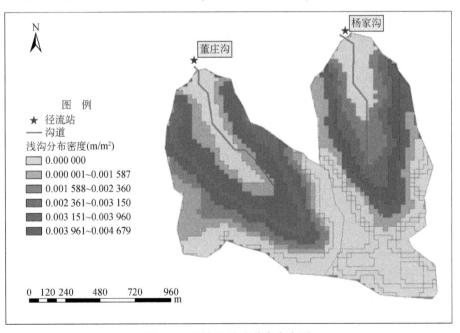

图 5-15　研究区浅沟分布密度图

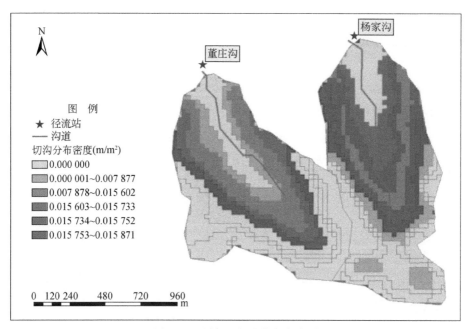

图 5-16 研究区切沟分布密度图

模型通过表 5-16 地形参数对坡面沟蚀形态的概化和模拟，实现了对流域内细浅沟数量、切沟数量等沟蚀形态空间分布的模拟。图 5-15 与图 5-16 真实反映了研究流域的浅沟和切沟侵蚀地貌分布。

表 5-16 浅沟切沟地形参数

参数	率定值	参考数值来源
浅沟发生地形系数	0.53	李斌兵等（2008）
浅沟发生面积指数	0.11	
切沟发生地形系数	1.97	
切沟发生面积指数	0.14	

2. 水沙过程参数估算

南小河沟流域主要为 Q_3 黄土，且土层深厚，具有强烈的湿陷性，增大了水沙过程的不确定性。同时由于黄土垂向渗透系数远大于水平方向，且黄土内部存在较大的虫洞等特殊结构而形成了特殊的土壤水文特性。同时，受气象和土壤特性影响，区域的超渗产流与结皮对流域水沙过程和流域地表水文过程产生较大影响。此外，研究区域自 20 世纪 50 年代以来进行了植被、工程及农业耕作等形式多样的水土保持措施（如防止塬面集中汇流直接下沟），鼓励居民自修水窖储水也对流域水文过程产生了影响。这些都使得研究区域形成了独特的水文泥沙过程特点，从而改变了流域地表径流过程，对流域泥沙过程产生影响。

结合研究区实地试验、文献调研及黄河流域分布式水文模型——WEP-L 模型参数设置（贾仰文等，2005），结合对杨家沟和董庄沟小流域水沙过程模拟效果，对模型参数进行参数估算和调整。调整结果见表5-17、表5-18。

表 5-17　产流过程参数率定

参数		率定值
土壤层厚度（m）	第一层土壤厚度	0.2 ~ 0.35
	第二层土壤厚度	0.2 ~ 0.45
	第三层土壤厚度	2.8 ~ 30
渗透系数（cm/s）	第一层土壤	0.000 04 ~ 0.000 8
	第二层土壤	0.000 04 ~ 0.000 8
	第三层土壤	0.000 02 ~ 0.000 4
洼地储留深（mm）	草地	15 ~ 25
	坡耕地	10 ~ 30
	平原非灌溉农田	20 ~ 60
Manning 糙率系数	林地	0.3
	草地	0.1
	裸地	0.08
	农田	0.12
	裸岩及城市地面	0.02
	沟道	0.08 ~ 0.2
河床材质透水系数		1×10^{-5}

表 5-18　股流侵蚀、重力侵蚀及河道输沙过程参数率定

侵蚀过程	参数	率定值	参考数值来源
股流侵蚀	有效单位水流功率指数 α_5	1 ~ 1.05	本研究
	浅沟水流挟沙能力系数 k_5	1500	
	切沟水流挟沙能力系数 k_5'	1000 ~ 1500	
	侧向汇流影响常数 m	0 ~ 0.1	
重力侵蚀	浅沟沟壁发生重力侵蚀面积系数 k_6'	0.05 ~ 0.1	
	切沟沟壁发生重力侵蚀面积系数 k_6''	0.001 ~ 0.05	
沟道输沙	含沙水流与清水径流断面面积转换系数 k_7	0.87 ~ 1.15	
	河段恢复饱和系数 α	0.001 ~ 0.5	韩其为和何明民，1997

在调参的过程中为了使流域水沙过程的模拟过程准确反映实际过程，将相关系数和 Nash-Sutcliffe 效率系数作为优先考虑（表 5-19）。从图 5-17～图 5-20 可以看出，两个研究流域实际径流过程集中在少数几次降水过程中出现，模型对杨家沟和董庄沟较大的水沙过程峰值模拟具有较好的精度。但是也存在着模拟径流过程对降水过程的响应较为敏感的问题，特别是在 3 月和 10 月的降水过程中，会出现没有观测资料的较小径流和泥沙过程。其原因可能为流域径流过程较小，没有实施观测；也可能为模型对黄土区特殊的土壤水文特性，如湿陷性造成的大孔隙流等特殊水文机制模拟不完善。这也是表 5-19 中在相关系数和 Nash-Sutcliffe 效率系数较好的情况下，杨家沟和董庄沟模拟径流和泥沙过程均偏大的主要原因。

表 5-19 水沙过程模拟指标

项目		相关系数	相对误差	Nash-Sutcliffe 效率系数
杨家沟	径流过程	0.62	0.17	0.35
	输沙率过程	0.48	0.57	0.21
董庄沟	径流过程	0.43	0.16	0.38
	输沙率过程	0.41	0.16	0.22

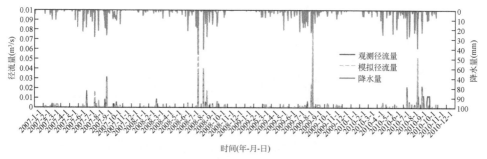

图 5-17 杨家沟逐日径流过程

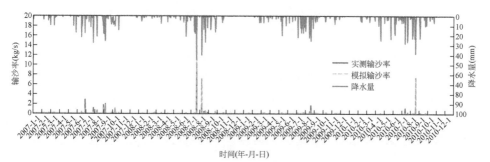

图 5-18 杨家沟逐日输沙率过程

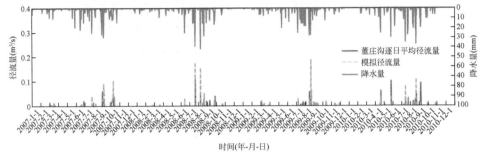

图 5-19   董庄沟逐日径流过程

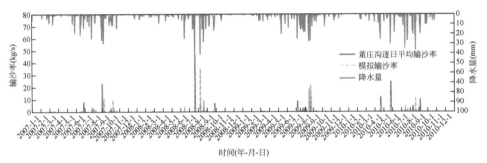

图 5-20   董庄沟逐日输沙率过程

从表 5-19 可以看出，在 Nash-Sutcliffe 效率系数和相关系数较为接近的情况下，杨家沟输沙模拟相对误差显著大于董庄沟输沙模拟相对误差。其主要原因是与董庄沟相比，杨家沟小流域的沟底及两侧沟坡主要土地利用类型为林地（图 5-21）。根据 Cammeraat 和 Imeson（1999）采用等级系统的方法研究发现，植被斑块的空间分布对地表径流汇集具有决定作用。游珍等（2005）和李强等（2007）的研究发现，位于沟坡底部的植被所发挥的水土保持作用要大于其他植被分布类型。杨家沟的人工植被林主要分布在沟底和两侧沟坡，形成了有利于水土保持的植被格局。而模型目前还不具备模拟不同植被格局对流域水沙过程影响的机制，需要在今后进行深入研究。

此外，在调参的过程中注意到薄层水流的侵蚀过程与流域出口输沙率过程的基底值关系比较密切，通过薄层水流侵蚀过程相关参数的调整对流域出口的泥沙过程波动性的影响有限，股流侵蚀过程则与相应径流过程的输沙率峰值密切相关，而重力侵蚀过程相关参数的调节对径流输沙过程的影响主要受不同过程的输沙能力参数的限制较为明显，总体上对输沙率峰值有一定贡献。

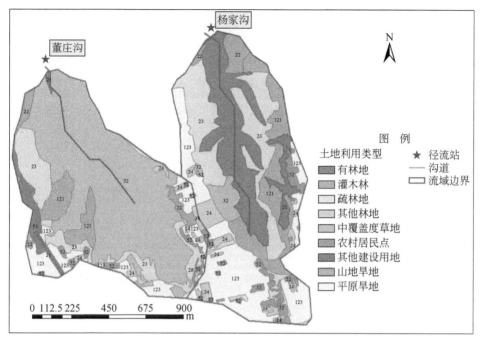

图 5-21 杨家沟与南小河沟土地利用分布图

5.5.3 小流域侵蚀过程分析

模型基于雨滴溅蚀、坡面薄层水流侵蚀、股流侵蚀、重力侵蚀等坡面侵蚀过程及沟道不平衡输沙过程对杨家沟和董庄沟小流域水沙过程进行了模拟。

受流域具体侵蚀过程影响因素的作用,不同的坡面侵蚀过程具有不同的空间分布特征:从图 5-22 可以看出,董庄沟的薄层水流侵蚀量主要产生在塬面向塬边过渡地带和沟道底部,杨家沟则主要发生在塬面向塬边过渡坡面;从图 5-23 可以看出,董庄沟的股流侵蚀主要发生在塬边及塬下沟坡的上部,杨家沟股流侵蚀总体上较少,主要发生在塬边过渡缓坡旱地上;从图 5-24 可以看出,董庄沟重力侵蚀主要发生在塬边旱地和塬下沟坡上部,而杨家沟则主要发生在塬边旱地位置。从图 5-25 可以看出,总体上,董庄沟小流域从塬边以下部分的侵蚀均比较强烈,而杨家沟的侵蚀主要发生在塬边地带。图 5-26 给出了董庄沟和杨家沟小流域坡面不同部位侵蚀模数,其中,侵蚀模数最大值出现在董庄沟的塬面缓坡带,达到了 $9479t/(km^2 \cdot a)$;而最小值出现在杨家沟沟底位置,为 $317t/(km^2 \cdot a)$。从图 5-27 可以看出,坡面径流模数较大值出现在董庄沟小流域的塬边过渡地带和沟底,与图 5-26 的坡面侵蚀模数分布规律具有很高的一致性。

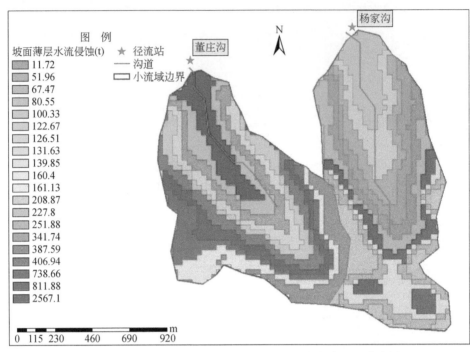

图 5-22　研究区 2007～2010 年薄层水流侵蚀年均侵蚀量分布图

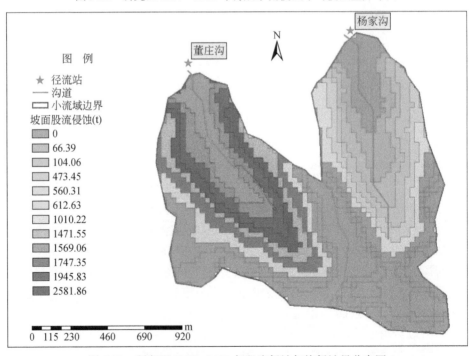

图 5-23　研究区 2007～2010 年股流侵蚀年均侵蚀量分布图

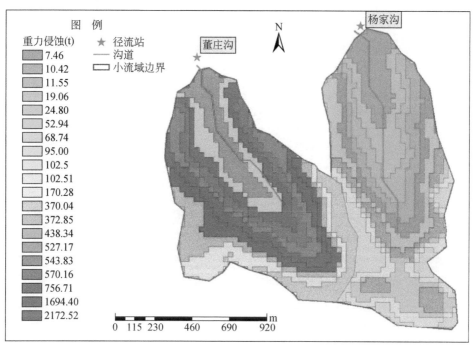

图 5-24　研究区 2007~2010 年重力侵蚀年均侵蚀量分布图

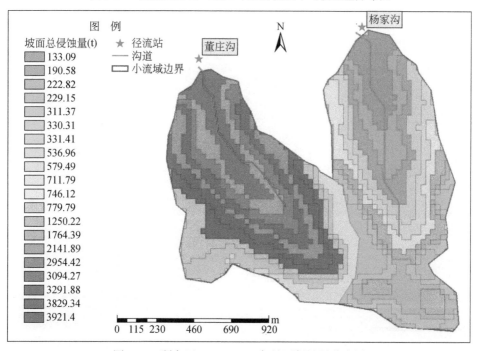

图 5-25　研究区 2007~2010 年坡面侵蚀量分布图

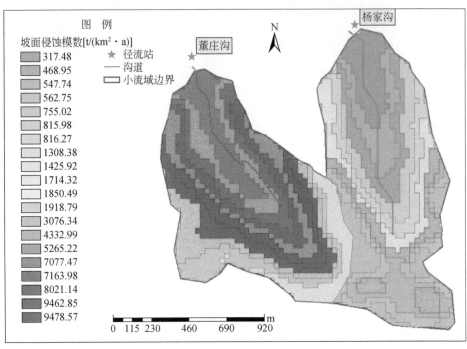

图 5-26　研究区坡面侵蚀模数空间分布图

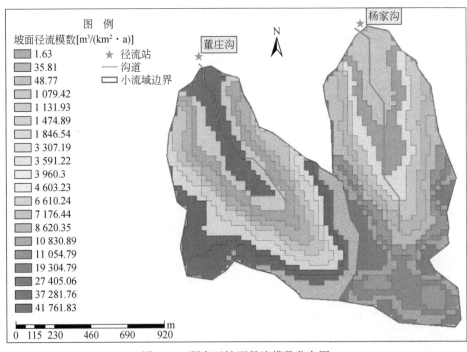

图 5-27　研究区坡面径流模数分布图

从表5-20可以看出，2007～2010年杨家沟小流域薄层水流侵蚀量、股流侵蚀量和重力侵蚀量占坡面总侵蚀量的比例分别为41.39%、40.11%和18.51%，相应的董庄沟小流域则分别为22.88%、45.25%和31.87%，与其他研究较为一致。同时可以看出，杨家沟和董庄沟小流域沟道内沉积泥沙量分别为1203.08t和2900.57t，这与模拟调查过程中发现的两个小流域沟口段有淤积，需要每年进行人工清淤的实际情况较为一致。模拟条件下杨家沟和董庄沟流域泥沙输移比分别为0.73和0.93，两个小流域水沙过程均具有不平衡输沙的特点。

表5-20 流域泥沙过程侵蚀输沙量

小流域	模拟计算						实测泥沙输出量（t）	流域产沙量相对误差（%）
	坡面侵蚀量（t）				沟口输出量（t）	流域泥沙输移比		
	薄层水流侵蚀量（比例）	股流侵蚀量（比例）	重力侵蚀量（比例）	坡面总侵蚀量				
杨家沟	1 874.96（41.39%）	1 816.84（40.11%）	838.32（18.50%）	4 530.12	3 319.69	0.73	2 116.61	56.84
董庄沟	5 221.74（22.88%）	10 325.88（45.25%）	7 272.97（31.87%）	22 820.59	21 328.76	0.93	18 428.19	15.74

5.5.4 不同坡面侵蚀过程对流域水沙过程的影响分析

杨家沟和董庄沟流域的水沙过程属于典型的高塬沟壑区水沙过程。杨家沟小流域经过多年治理，股流侵蚀和重力侵蚀已较为微弱，沟道已基本稳定。董庄沟小流域内股流侵蚀和重力侵蚀相对活跃，其中，重力侵蚀的特点主要表现为小型侵蚀较常见，较大型的重力侵蚀很少发生。最近的一次大型重力侵蚀发生在2008年6月，发生的位置在沟道左岸的塬边沟坡的中上部位置，侵蚀的大部分堆积在沟槽以上，只有较少量土体直接进入沟槽。这次大型重力侵蚀发生在降雨结束之后，径流站未监测到该次侵蚀对流域泥沙过程的直接贡献。小流域尺度相对较小，沟道水沙过程相对简单。

由于很难获得自然条件下各侵蚀过程分离的流域泥沙过程观测资料，为反映不同的坡面侵蚀类型对流域输沙过程的影响，选取水沙过程模拟较好的董庄沟流域进行率定参数体系条件下坡面仅发生薄层水流侵蚀过程、薄层水流侵蚀+重力侵蚀过程、薄层水流侵蚀+股流侵蚀过程的流域出口水沙过程与完整坡面侵蚀机制下的流域输沙率过程比较（图5-28～图5-30）。

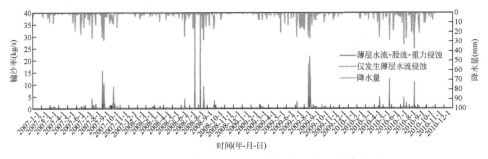

图 5-28　董庄沟坡面仅发生薄层水流侵蚀的流域输沙过程

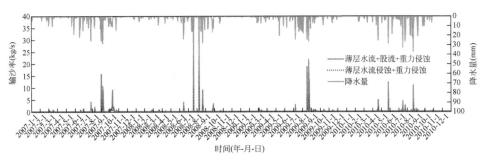

图 5-29　董庄沟坡面仅发生薄层水流侵蚀+重力侵蚀的流域输沙过程

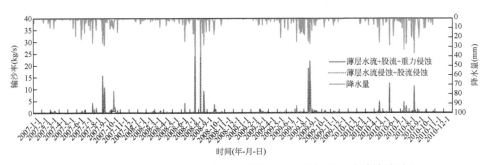

图 5-30　董庄沟坡面仅发生薄层水流侵蚀+股流侵蚀的流域输沙过程

　　从图 5-28 可以看出，坡面仅发生薄层水流侵蚀的时候，流域整体输沙过程较实际模拟过程平缓，在峰值较小的降雨侵蚀事件中峰值对应较好，但在较大降水侵蚀事件中的峰值偏低严重；同时与图 5-29 对比可以发现，细沟尺度上的重力侵蚀事件对流域水沙过程的影响较小。从图 5-30 可以看出，薄层水流侵蚀+股流侵蚀过程形成的流域侵蚀输沙过程与实际模拟过程的趋势较为一致，但是在较大降水期间的峰值偏小，表明股流侵蚀可以有效增大强降水期间沟道输沙过程峰值，同时也说明股流侵蚀过程中的重力侵蚀能够在一定程度上进一步增大河道输沙率过程。需要指出的是，董庄沟小流域坡面—沟道之间水沙过程关系相对单一，计算尺度较小，使得河道的非平衡输沙过程对汇流过程的水沙调节效果不明显。在研究尺度进一步增大，不同等高带之间及不同河段之间的水沙响应关系将逐渐变得复杂。这需要在今后的研究中结合多尺度观测等方法进行深入研究。

5.5.5 小结

在薄层水流侵蚀相关参数率定的基础上，通过研究区调查、试验观测、文献资料和相似条件比照选取等手段建立了模型的基本参数体系，然后利用杨家沟和董庄沟小流域水沙过程观测数据，对模型的参数体系进行了初步率定。率定结果表明，模型模拟过程反映了研究流域的水沙过程特征。

同时在对小流域坡面水沙进行分析发现，2007～2010 年杨家沟和董庄沟小流域薄层水流侵蚀量、股流侵蚀量和重力侵蚀量占坡面总侵蚀量的比例分别为41.39%、40.11%、18.51% 和 22.88%、45.25%、31.87%。模拟条件下流域泥沙输移比分别为 0.73 和 0.93，较好地反映了两个小流域的不平衡输沙特点。

5.6 本 章 小 结

本章利用南小河沟流域的野外试验小区和小流域水沙过程观测资料对模型的结构、参数体系等进行了检验和确定。

1）模型对小区产水产沙模拟的 Nash-Sutcliffe 效率系数在 0.67 以上，相关系数可以达到 0.85 以上，相对误差小于±14%，说明构建的模型具有较好的薄层水流侵蚀模拟能力。

2）模型对杨家沟和董庄沟小流域 2007～2010 年逐日水沙过程模拟的 Nash-Sutcliffe 效率系数在 0.22 以上，相关系数在 0.41 以上，相对误差小于±34%，特别是对较大的径流泥沙过程具有较高的模拟精度，说明模型对黄土区水沙过程的模拟机制比较完备，模型结构和模拟过程较好地反映了流域水沙过程。同时，利用对小流域的模拟结果分析发现，杨家沟和董庄沟坡面侵蚀产沙的组成存在较大的差异，2007～2010 年杨家沟和董庄沟小流域薄层水流侵蚀量、股流侵蚀量和重力侵蚀量占坡面总侵蚀量的比例分别为 41.39%、40.11%、18.51% 和22.88%、45.25%、31.87%；模拟条件下两个流域泥沙输移比分别为 0.73 和0.93，较好地反映了两个小流域的不平衡输沙特点。模型结果较好地反映了杨家沟与董庄沟小流域水沙过程空间分布规律，为利用模型研究指导小流域水土保持与生态治理提供了借鉴。

　　当然，模型还存在着一定的不确定性，也存在着由参数较多带来的模型异参同效等问题，需要进一步研究模型参数之间的内在联系，减少模型经验参数；要积极开展坡面侵蚀和沟道水沙过程试验，以进一步提高模型的可靠性和适应性；同时加强上游模型的耦合和引入，减少模型的不确定性。由于建模率定的资料还较少，需要进一步地利用不同流域水沙过程资料对模型的参数体系进行进一步的调整和完善。

第6章 分布式水沙耦合模型应用中的尺度问题研究

不同分辨率 DEM 对流域数字特征描述、模型输入数据的组织对不同尺度流域的适应性是模型进行不同尺度应用的基础。在介绍 WEP-L 模型搭建过程的基础上，对不同分辨率 DEM 通过子流域套等高带结构描述研究流域数字特征能力，以及其对不同输入数据组织的影响进行分析，然后进行不同尺度流域的模拟验证和应用，并对比分析其参数体系随研究尺度变化的特点。

6.1 分布式水沙耦合模型相关尺度问题研究

基于物理过程的分布式流域水沙耦合模型是通过对流域水沙过程进行概化，抓住其主要方面对流域水沙过程进行模拟的工具。其尺度效应是多种因素综合作用的表现。主要包括来自基础理论公式应用的尺度效应、多过程模拟中不同过程理论应用范围及其衔接产生的尺度效应，以及输入数据的处理过程的尺度效应等。本节主要对模型输入处理过程产生的相关尺度问题进行分析研究。

模型的输入数据是否反映了客观实际对模型模拟是否能够反映客观实际具有重要影响。对本研究构建的分布式水沙耦合模型，其所有的输入数据均按照 WEP-L 模型的子流域套等高带结构进行组织，通过比较输入数据按子流域套等高带组织后与数据源的差异来评价模型结构对输入数据的影响。

6.1.1 DEM 栅格大小对模型基本地形参数提取的影响

DEM 是分布式水文模型重要的数据平台，本研究构建的模型即是在 DEM 数据的基础上进行河网编码和子流域套等高带划分。因此，以 DEM 为基础提取的流域数字特征信息是否反映了流域的实际特征是模型应用的基础。Zhou 和 Liu（2004）研究认为，高分辨率 DEM 准确计算出地形坡度等地形因子的前提是保证 DEM 数据的精度。邓仕虎和杨勤科（2010）研究认为，随 DEM 采样间隔增大，坡度衰减（变缓）的速率加快。汤国安等（2003）采用 1∶10 000 比例尺 DEM 为基准数据分析陕北黄土高原 6 个典型地貌类型区栅格分辨率及地形粗糙度对

DEM 所提取地面平均坡度精度的影响，得出了 DEM 提取的地面平均坡度误差与栅格分辨率及地形起伏的代表性因子——沟壑密度之间存在的量化关系。总之，随着 DEM 分辨率的降低，其对地形的描绘能力下降（图 6-1）。

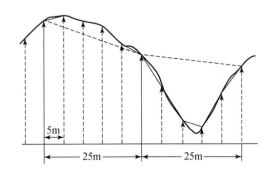

图 6-1　不同栅格尺寸对地形的描绘能力示意图（汤国安等，2003）

以 30m 分辨率的 DEM 数据为基础，分别研究了不同分辨率 DEM 对南小河沟流域和泾河流域地形的描绘能力进行了分析，同时对不同分辨率 DEM 之间的坡度转换进行了研究，从而指导基于不同栅格尺度 DEM 数据的水沙耦合模型的建立和应用。

1. 南小河沟流域不同分辨率 DEM 提取的流域数字特征比较

根据调查，南小河沟流域内塬面平坦，沟谷窄深，从塬面向沟谷转换地带地表坡度变化剧烈，属典型的高塬沟壑区地貌。其典型地貌类型特征见表 6-1。

表 6-1　南小河沟流域典型地貌类型特征

地貌类型	坡度特征（°）	面积比例（%）
塬面	<5	56.9
梁峁	10～20	15.7
沟谷	>25	27.4

首先，利用从美国 NASA 下载的 30m 分辨率 DEM，通过重采样分别生成 90m、270m 分辨率的 DEM 数据；其次，分别进行南小河沟流域的河网编码和子流域等高带划分；最后，将收集到的土壤、土地利用等数据按照子流域套等高带结构对输入数据进行组织和处理，并将处理后的数据与这些数据的源数据进行比较。

从表 6-2 可以看出，随着 DEM 分辨率的降低，提取的子流域数和等高带数逐渐减少，每个子流域内分布的等高带数减少，而河道汇流面积阈值和等高带平均面积逐渐增大。说明 DEM 分辨率的降低使得子流域套等高带结构对研究流域的数字特征描述越来越粗化。

表6-2　不同分辨率 DEM 生成的子流域套等高带基本信息

栅格大小 （m）	子流域数	等高带数	平均等高带数	等高带平均面积 （km²）	河道汇流面积阈值 （km²）	栅格面积与流域面积比值 （10⁻³）
30	53	512	9.66	0.07	0.045	0.02
90	35	239	6.83	0.16	0.405	0.22
270	33	61	1.85	0.51	3.645	1.98

対比图 6-2 ~ 图 6-4 可以发现，随着所采用的 DEM 数据分辨率的降低，所提取数字流域的子流域数和等高带数逐渐减少，河道变得平直。其中，基于 30m 和 90m 分辨率 DEM 的子流域套等高带结构基本满足对流域平面结构描述的要求，而基于 270m 分辨率的则严重失真。说明当单个栅格面积与研究流域面积比例大于 2.98×10^{-3} 时，将不能很好地表现流域平面结构。

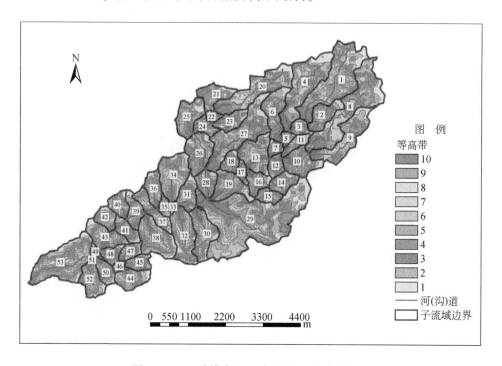

图 6-2　30m 分辨率 DEM 提取的子流域等高带

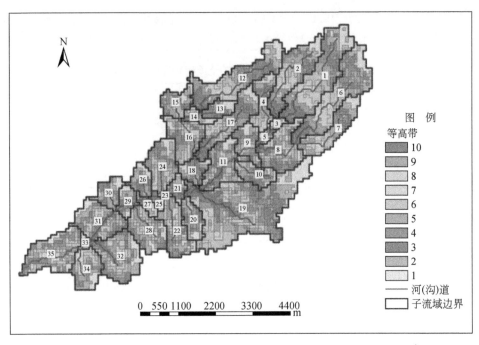

图 6-3　90m 分辨率 DEM 提取的子流域等高带

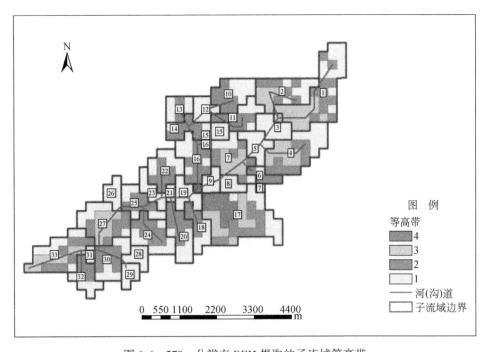

图 6-4　270m 分辨率 DEM 提取的子流域等高带

从表 6-3 可以看出，随着 DEM 栅格尺寸的增大，所提取坡度的最大值逐渐减小，最小值逐渐增大，平均值均逐渐变小，标准差也逐渐减小。并且其最大坡度下降的幅度较最小坡度的增大幅度大。30m 和 90m 分辨率 DEM 提取的栅格坡度特征值能较好地符合流域坡度分布要求。

表 6-3　南小河沟流域不同分辨率 DEM 提取坡度特征

坡度指标	30m 分辨率 DEM	90m 分辨率 DEM	270m 分辨率 DEM	1000m 分辨率 DEM
范围（°）	0 ~49.20	0 ~36.16	0.08 ~17.40	0.23 ~3.29
平均（°）	8.87	7.62	4.09	1.47
标准差	9.13	8.57	4.01	0.78

从表 6-4 可以看出，30m 分辨率 DEM 对南小河沟地形坡度的描绘层次丰富，其地形坡度分布与表 6-1 南小河沟流域典型地貌类型特征的实际地貌特征符合得较好。随着分辨率的降低，地形迅速向较小坡度坦化。说明随着 DEM 栅格尺寸的增大，其对地面微地貌的描绘能力迅速衰减。

表 6-4　南小河沟流域不同坡度栅格面积比例

坡度（°）	面积比例（%）		
	30m 分辨率 DEM	90m 分辨率 DEM	270m 分辨率 DEM
0 ~5	54.57	57.25	65.30
5 ~10	13.22	10.15	22.24
10 ~15	8.76	9.83	11.92
15 ~20	8.20	10.11	0.53
20 ~25	7.03	7.66	
25 ~30	4.66	4.12	
30 ~35	2.69	0.78	
35 ~40	0.86	0.10	
40 ~45	0.13		
>45	0.02		

注：因四舍五入运算，百分比加和未等于100%

对比表 6-2 ~ 表 6-5 可以看出，基于 30m 分辨率 DEM 的流域数字坡度特征与真实情况较为一致，说明子流域套等高带结构能够真实反映南小河流域的地貌特征。随 DEM 分辨率下降，子流域套等高带结构组织的数字流域面积的坡度分级逐渐向较小的坡度聚集。同时，对不同分辨率 DEM 计算单元坡度构成比例与栅格流域数字坡度相比，子流域套等高带结构对流域坡度特征表现层次更加丰富，且均有"锐化"作用。根据实际调查发现，南小河沟流域内存在大量45°以上陡坡，说明相对于栅格结构，子流域套等高带结构能够更加有效地表现南小河沟流域内地形坡度近似"等高分布"的特点。

表6-5　南小河沟流域数字化坡度面积比例

坡度（°）	面积比例（%）		
	30m 分辨率 DEM	90m 分辨率 DEM	270m 分辨率 DEM
0~5	22.04	44.10	37.02
5~10	30.85	9.00	12.87
10~15	6.09	3.30	37.21
15~20	3.72	6.04	9.84
20~25	4.59	10.44	3.06
25~30	7.09	7.22	
30~35	5.75	12.14	
35~40	8.39	4.55	
40~45	4.64	3.22	
>45	6.80		

注：因四舍五入运算，百分比加和未等于100%

综上所述，基于30m分辨率DEM提取的子流域套等高带数字特征基本反映了南小河流域的真实地貌类型构成，适合进行流域分布式水沙耦合模型的应用要求。

2. 泾河流域不同分辨率DEM提取的流域数字特征比较

首先，利用从美国NASA下载的30m分辨率DEM数据，通过重采样分别生成500m、875m、1000m分辨率的DEM数据平台；其次，分别进行泾河流域（张家山径流站控制流域面积为4.3万km²）的子流域划分和编码。不同分辨率DEM生成的子流域套等高带基本信息见表6-6。

表6-6　不同分辨率DEM生成的子流域套等高带基本信息

栅格大小（m）	子流域数	等高带数	平均等高带数	河道汇流面积阈值（km²）	等高带平均面积（km²）
500	1633	9673	5.92	12.5	4.41
875	503	3038	6.04	38.28	13.97
1000	361	2257	6.25	50	18.84

从表6-6可以看出，随着 DEM 分辨率逐渐降低，提取的子流域数、等高带数均不同程度的减少；等高带平均面积和河道汇流面积阈值逐渐增大；而子流域内平均等高带数基本一致。

从表6-7可以看出，与南小河沟流域相似，泾河流域内栅格坡度随着 DEM 数据分辨率的不断降低，其栅格坡度的最大值、平均值及坡度值的标准差均逐渐降低。说明随着栅格分辨率的降低，流域内部地形信息迅速衰减，且最大值和平均值随着栅格分辨率的降低均呈幂函数形式降低(图6-5)。

表6-7　泾河流域 DEM 数据提取栅格坡度特征值

坡度特征值	30m	90m	270m	500m	875m	1000m	1500m	2000m	3000m	5000m
最大值	79.04	60.45	36.49	24.41	16.54	13.12	10.24	8.32	6.41	3.28
最小值	0.00	0.00	0.00	0.00	0.00	0.01	0.02	0.03	0.02	0.02
平均值	13.81	11.87	7.14	4.59	2.93	2.62	1.9	1.52	1.13	0.73
标准差	9.04	7.19	4.04	2.54	1.64	1.47	1.11	0.91	0.69	0.43

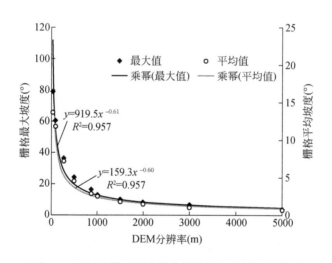

图6-5　泾河流域不同分辨率栅格坡度特征值变化图

从表6-8可以看出，泾河流域不同分辨率 DEM 提取的流域坡度特征均随着 DEM 栅格的降低而向小坡度面积迅速坦化。与表6-4对比发现，相同 DEM 分辨率条件下，子流域套等高带结构对地表的"锐化"作用消失，子流域套等高带结构对子流域尺度上坡度近似"等高分布"的表现能力消失，与之相反的是加速坦化地表坡度信息（表6-9）。

表 6-8　不同坡度栅格面积比例

坡度 (°)	不同分辨率 DEM 栅格坡度面积比例（%）									
	30m	90m	270m	500m	875m	1000m	1500m	2000m	3000m	5000m
0 ~ 5	18.45	20.08	33.24	59.82	89.45	93.69	98.64	99.18	99.64	100.00
5 ~ 10	20.42	23.03	42.97	37.53	10.27	6.17	1.34	0.82	0.36	
10 ~ 15	20.73	24.52	20.40	2.47	0.28	0.14	0.02			
15 ~ 20	16.92	18.43	3.06	0.16	0.00					
20 ~ 25	11.52	9.68	0.27	0.01						
25 ~ 30	6.59	3.28	0.05							
30 ~ 35	3.22	0.71	0.00							
35 ~ 40	1.34	0.17	0.00							
40 ~ 45	0.49	0.07								
>45	0.31	0.03								

注：因四舍五入运算，百分比加和未等于100%

表 6-9　数字化流域不同坡度等高带面积比例

坡度（°）	面积比例（%）		
	500m 分辨率 DEM	875m 分辨率 DEM	1000m 分辨率 DEM
0 ~ 5	84.09	98.40	98.79
5 ~ 10	15.59	1.57	1.21
10 ~ 15	0.32	0.03	

3. 不同分辨率 DEM 提取的等高带坡度之间转换研究

栅格型与子流域套等高带型的模型结构均随着模拟流域尺度的增大，对流域坡度的刻画越来越坦化。而在坡面侵蚀输沙过程中，坡度既反映了其机理的非线性变化，也体现了其尺度效应。为了解决大尺度流域低分辨率 DEM 提取的计算单元坡度信息被严重坦化，而高分辨率 DEM 模型的建立及运行过程效率低下的矛盾，需要实现基于低分辨率流域提取的基本计算单元坡度向"真实"地形坡度值的转换。

如图 6-6 所示，DEM 提取的计算单元坡度为平均坡度，忽略了其内部的栅格高程的统计分布规律。一般认为可以用标准差来反映这种一定区域内高程点的统计变异规律。自分形理论诞生以来，许多研究发现，自然界的地形符合不同分维度的分形规律（薛海等，2008；张建兴等，2008）；崔灵周（2002）研究发现，黄土高原岔巴沟流域及各支流的地貌形态在各自的无标度区间内均表现出较好的分形特征；朱永清等（2005）利用分形信息维数（FID）表征流域地貌形态特征的原理和方法建立了流域地貌特征分形信息维数的计算模型；Russ（1994）发现，采用分形理论结合半方差函数的方法可以显著提高基于低分辨率 DEM 描述地形坡度的能力。这些研究为区域地形坡度向"真实"坡度转换提供了理论基础。

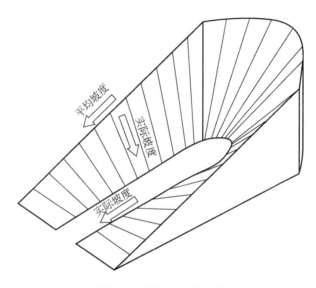

图 6-6　坡度关系示意图

Zhang 等（1999）比较了 5 种用 DEM 数据估算区域和全球尺度地形坡度的方法，在不同尺度上讨论了分形维数的变化，并且借鉴 Russ 分形理论（Russ，1994）的研究成果采用分形理论结合半方差函数的方法发展了一种利用低分辨率 DEM 数据估算高分辨率数据条件下地形坡度的模型：

$$S = \alpha d^{1-D} \tag{6-1}$$

$$D = a + b\ln\sigma \tag{6-2}$$

$$\alpha = m\sigma^{\lambda} \tag{6-3}$$

式中，S 为高分辨率 DEM 的区域平均坡度，°；α 为低分辨率 DEM 计算的系数；d 为目标分辨率（高分辨率）DEM 栅格尺寸，m；D 为区域栅格高程分维数；σ 为区域高程值的标准差；a、b、m、λ 为常数。由于本研究中低分辨率条件下的区域坡度已知，可用公式直接计算 α，即

$$\alpha = S_{low}/d_{low}^{1-D}; \tag{6-4}$$

式中，S_{low} 为相同低分辨率 DEM 计算得到的区域平均坡度；d_{low} 为低分辨率 DEM 栅格尺寸。公式变换为

$$S = S_{low} \ (d/d_{low})^{1-D} \tag{6-5}$$

将式（6-2）代入式（6-5）得到：

$$S = S_{low} \ (d/d_{low})^{n-bln\sigma} \tag{6-6}$$

式中，n、b 为常数。利用 ArcGIS 9.2 的统计分析功能可以计算每个子流域栅格高程值的标准差 σ，根据式（6-6）即可以实现低分辨 DEM 区域坡度值向较高分辨率 DEM 区域坡度值的转换。

根据建立的分布式水沙耦合模型对坡面侵蚀输沙过程非线性模拟的要求，确定试算结果的判定方法为：将各等高带面积按照计算后得到的坡度按 0～5°、5°～10°、10°～15°、15°～20°、20°～25°、25°～30°、30°～35°、35°～40°、40°～45°及>45°重新分级，与对应的 30m 分辨率 DEM 栅格坡度面积进行比对（将 30m 分辨率 DEM 提取的栅格坡度面积组成作为转换目标），两者之间拟合最好的即得到需要的结果。由于公式中有两个未知数，需要通过试算确定取值。

经过试算，利用式（6-6）分别对南小河沟流域 90m、270m 分辨率 DEM 提取的等高带坡度向 30m 分辨率 DEM 情况下进行转换。从图 6-7、图 6-8 可以看出，在不同尺度流域上对不同分辨率 DEM 数据提取的等高带坡度值，经过转换后与 30m 分辨率 DEM 数据提取的栅格面积坡度构成符合较好，表明该方法有效实现了基于低分辨率 DEM 提取的等高带坡度构成向"真实"地形坡度构成的转换，有效提高低分辨率 DEM 平台进行子流域编码后描绘地形的能力，转换公式见表 6-10、表 6-11。

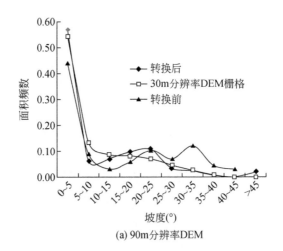

(a) 90m分辨率DEM

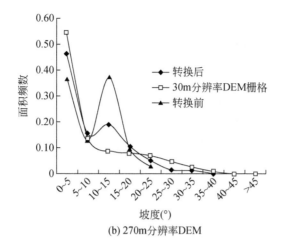

(b) 270m分辨率DEM

图 6-7 南小河沟不同分辨率 DEM 等高带坡度转换

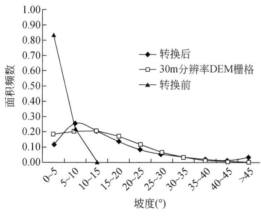

(a) 500m分辨率DEM

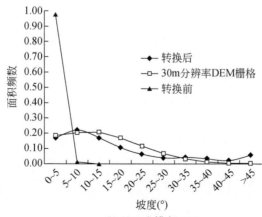

(b) 875m分辨率DEM

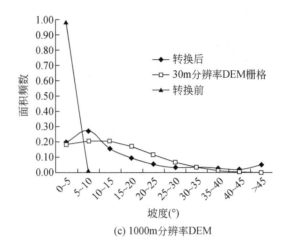

(c) 1000m分辨率DEM

图 6-8　泾河流域不同分辨率 DEM 等高带坡度转换

表 6-10　南小河沟不同分辨率 DEM 平台等高带坡度转换拟合公式

项目	90m 分辨率 DEM 数据平台	270m 分辨率 DEM 数据平台
修正公式	$S = S_{low} \left(\dfrac{30}{90} \right)^{4.1-0.98\ln\sigma}$, $R^2 = 0.970$	$S = S_{low} \left(\dfrac{30}{270} \right)^{4.63-1.187\ln\sigma}$, $R^2 = 0.936$

表 6-11　泾河流域不同分辨率 DEM 平台等高带坡度转换拟合公式

项目	500m 分辨率 DEM 数据平台	875m 分辨率 DEM 数据平台	1000m 分辨率 DEM 数据平台
修正公式	$S = S_{low} \left(\dfrac{30}{500} \right)^{4.425-1.11\ln\sigma}$ $R^2 = 0.840$	$S = S_{low} \left(\dfrac{30}{875} \right)^{4.4895-1.11\ln\sigma}$ $R^2 = 0.815$	$S = S_{low} \left(\dfrac{30}{1000} \right)^{4.073-0.999\ln\sigma}$ $R^2 = 0.774$

6.1.2　子流域套等高带结构对下垫面要素信息处理的影响

子流域套等高带结构解决了大型流域水沙过程模拟采用小网格计算单元带来的计算灾难，以及采用过粗网格计算单元产生的计算失真问题。但这种模型结构对下垫面要素信息组织的影响需要进行检验。下面通过对比不同分辨率 DEM 提取的子流域套等高带结构组织的不同尺度流域的土壤、土地利用数据与其对应数据源之间的比较，研究子流域套等高带结构对下垫面要素信息处理的影响。

1. 对小尺度流域的影响

从表 6-12 和表 6-13 可以看出，基于 30m 和 90m 分辨率的计算单元数据基本一致，而基于 270m 分辨率的计算单元数据信息有一定的差异，这主要是其没有完整描述流域平面结构造成的。说明在 DEM 能够很好描述研究区平面结构的条件下，基于不同分辨率 DEM 提取的子流域套等高带结构之间的信息基本一致，基本完好地保留了数据源信息。

表 6-12　基于不同分辨率 DEM 的模型输入土壤类型数据

栅格大小（m）	分布面积比例（%）	
	黏壤土	壤黏土
30	45.53	54.47
90	44.56	55.44
270	41.37	58.63

表 6-13　基于不同分辨率 DEM 的模型输入主要土地利用数据

栅格大小（m）	所占比例（%）			
	林地	草地	旱地	城镇居住地
30	8.82	39.86	44.20	6.71
90	8.85	39.90	44.08	6.54
270	10.10	41.03	44.18	4.35

2. 对大尺度流域的影响

表 6-14 是基于不同分辨率 DEM 的模型输入土壤类型分布信息。从表 6-14 中可分析出，黏壤土是泾河流域的主要土壤类型，占据 88% 以上的份额。不同模拟情景下，各土壤类型组成比例基本不变，即可认为不同栅格大小及河道阈值对流域土壤类型结构影响很小。从表 6-15 可知，林地、草地、旱地是泾河流域主要的土地利用类型，总面积达到流域的 98%，其中，以草地和旱地所占比例最大，土地利用类型在不同的情景之间变化较小，说明不同模拟情景划分对土地利用类型空间分布影响较小。

表 6-14　基于不同分辨率 DEM 的模型输入主要土壤类型数据

栅格大小（m）	所占比例（%）			
	砂质壤土	砂质黏壤土	黏壤土	壤黏土
500	4.47	1.70	88.83	5.01
875	4.35	2.10	88.56	4.99
1000	4.37	1.76	88.63	5.25

注：因四舍五入运算，百分比加和未等于 100%

表 6-15　基于不同分辨率 DEM 的模型输入主要土地利用数据

栅格大小（m）	所占比例（%）			
	林地	草地	旱地	城镇居住地
500	9.48	45.54	43.09	1.34
875	9.45	45.58	43.08	1.34
1000	9.40	45.53	43.18	1.33

3. 小结

综合上述，可以发现子流域套等高带结构组织的模型输入数据对源信息的保留程度主要受栅格面积与流域面积比值的影响，在栅格分辨率基本能够完好描述流域平面结构的条件下，土壤与土地利用等模型输入数据基本与数据源信息一致。其原因主要为土壤和土地利用等自然下垫面数据，均具有一定的空间变异性，且其斑块尺度较模型的计算单元尺度大，特别是土地利用数据由于模型本身即采用计算单元内部"马赛克"的方法描述信息，从根本上避免了源数据的信息损失。

6.2　模型在小尺度流域上的应用

南小河沟流域（36.8km²）内布设的小流域控制站为十八亩台径流站，其控制的集水面积为 30.6km²。流域内干沟上游建有花果山水库，其出口径流站是花果山水库出口的控制站，集水面积为 25.0km²，占研究流域面积的 80% 左右。该水库主要用于蓄水拦沙，人工调节能力较差。为了减少水库对下游水沙过程的影响，采用月时间步长进行模型的率定和验证。

6.2.1　数据及其利用

（1）地表高程信息

流域数字特征的提取基于 30m 分辨率 DEM，将流域划分为 53 个子流域共512 个等高带。每个计算单元（等高带）平均面积为 0.07km²。南小河沟流域模型子流域河网如图 6-9 所示。

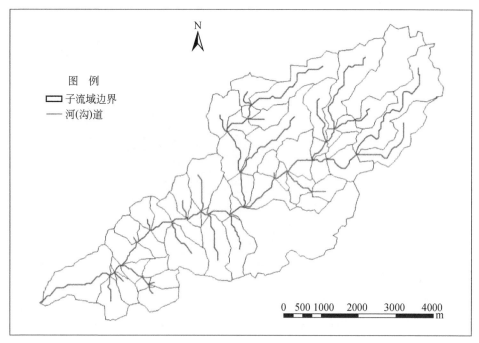

图6-9 南小河沟流域模型子流域河网图

（2）径流、泥沙与水文气象数据

径流与泥沙数据是用于模型率定和验证的比照数据。主要为1983年水利水电部黄河水利委员会刊印的《黄河中游水土保持径流泥沙测验资料–西峰水土保持科学试验站》中录入的十八亩台径流站1964～1980年逐日数据。其中，1964～1973年数据用于模型率定，1974～1980年数据用于模型验证。

逐日降水数据主要为从水利水电部黄河水利委员会刊印的《黄河中游水土保持径流泥沙测验资料–西峰水土保持科学试验站》中录入的十八亩台、董庄沟、杨家沟、花果山共4个雨量站数据，同时，由于部分年份或月份的数据缺失，采用从中国气象数据网下载的西峰镇逐日降水数据进行补充差值。进行空间展布后的南小河沟流域1964～1980年平均降水量分布如图6-10所示。

逐日平均气温、平均风速、平均湿度、平均日照数据采用中国气象科学数据共享服务网下载的西峰镇气象站逐日气象资料。

（3）水库及水土保持工程

由于水库出口站资料系列不全，本研究在有观测资料时段直接利用水库出口数据参与模型计算，数据系列缺失的部分采用水库水位库容曲线（图6-11）给定调度规则进行处理，对应时段的泥沙过程采用水库泥沙排沙比模型进行计算，取输移比 η 为0.93（殷兆熊，1981）。

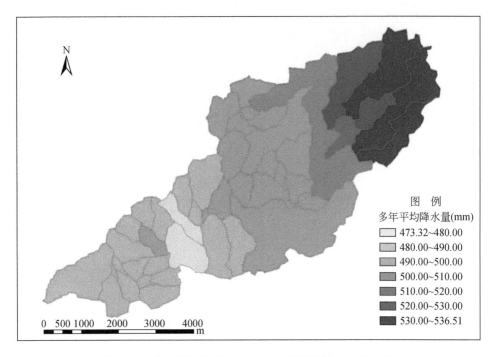

图 6-10　南小河沟流域 1964～1980 年平均降水量分布图

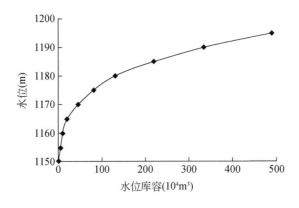

图 6-11　花果山水库水位库容曲线

（4）土地利用等下垫面数据

土地利用数据采用中国水利水电科学研究院遥感技术应用中心制作的 1977 年土地利用数据。其数据源为美国陆地卫星 Landsat MSS 遥感影像数据，制作的土地利用数据地表空间分辨率为 80m。土地利用类型的分类系统采用国家土地遥感详查的两级分类系统，累计划分为 6 个一级类型和 31 个二级类型。如图 6-12

所示，南小河沟流域 1977 年土地利用类型包括 5 个一级类型和 10 个二级类型，其中，平原旱地和中覆盖度草地为主要土地利用类型。

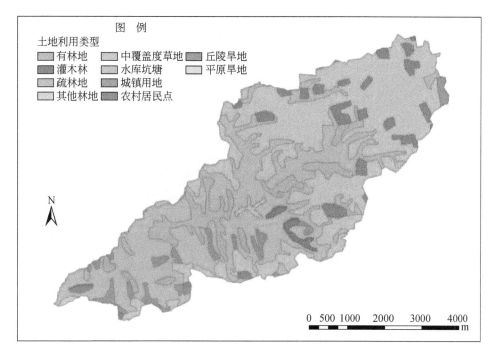

图 6-12　南小河沟流域 1977 年土地利用类型图

土壤、植被等其他下垫面资料利用及处理参照 5.4 节中的设置。

6.2.2　模型的率定与验证

模型参数在第 4 章率定的基础上进行调整。主要调整的水文过程参数包括地表洼地最大储留深、土壤饱和导水系数、土壤厚度、土壤及河床材料的水力传导系数。流域泥沙过程参数包括坡面典型侵蚀地貌、坡面侵蚀输沙过程和河道泥沙过程三类参数。其中，坡面典型侵蚀地貌参数直接采用杨家沟和董庄沟小流域率定的参数值。流域泥沙过程参数中根据其物理意义选定薄层水流侵蚀土壤可蚀性系数、薄层水流输沙能力系数、股流输沙能力系数、河道泥沙恢复饱和系数和含沙水流与清水径流断面面积转换系数进行率定。

模型模拟的南小河沟流域沟蚀密度分布分别见图 6-13 ~ 图 6-15。

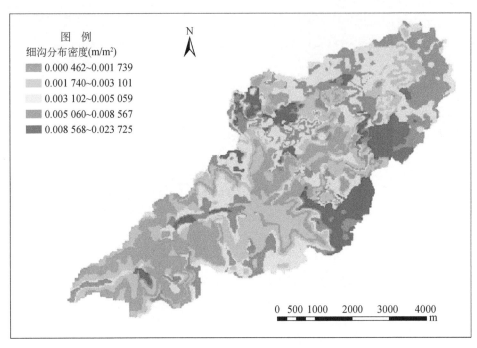

图 6-13　南小河沟流域细沟密度空间分布图

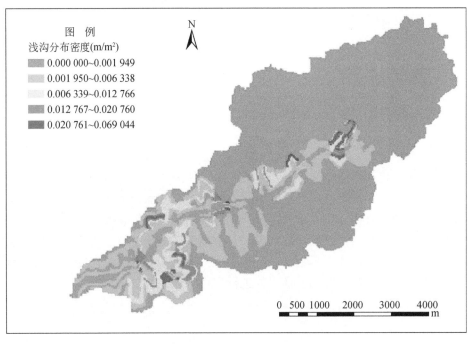

图 6-14　南小河沟流域浅沟密度空间分布图

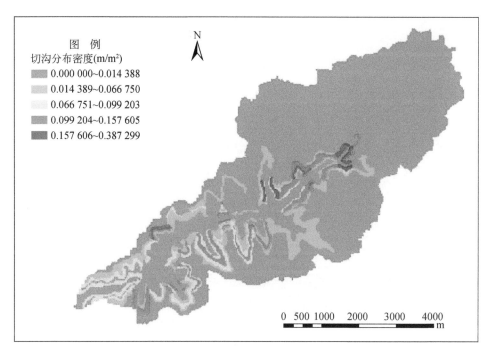

图 6-15 南小河沟流域切沟密度空间分布图

从表 6-16 可以看出, 模型对南小河沟流域的径流量过程的模拟 Nash-Sutcliffe 效率系数在 0.58 以上, 相关系数在 0.83 以上, 相对误差小于 12.50%, 对输沙率过程模拟的 Nash-Sutcliffe 效率系数在 0.45 以上, 相关系数在 0.59 以上, 相对误差小于 23.00%。说明模型对小流域水沙过程具有较好的模拟能力。模型径流量与输沙率过程率定与验证见图 6-16 ~ 图 6-19。

表 6-16 评价指标表 (去除无观测值)

时期	参数	相关系数	Nash-Sutcliffe 效率系数	相对误差 (%)
率定期	径流量	0.83	0.58	11.93
	输沙率	0.73	0.45	22.84
验证期	径流量	0.89	0.66	12.42
	输沙率	0.59	0.58	19.59

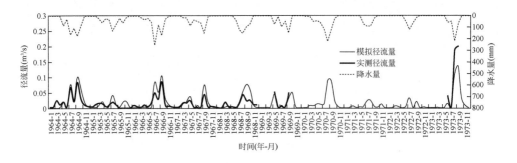

图 6-16　十八亩台径流站 1964～1973 年月径流过程率定图

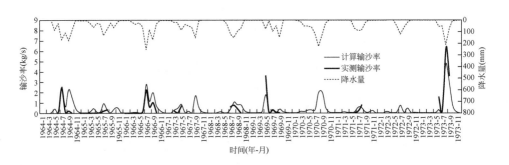

图 6-17　十八亩台径流站 1964～1973 年月输沙率过程率定图

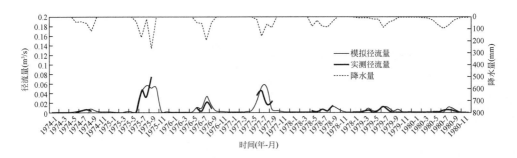

图 6-18　十八亩台径流站 1974～1980 年月径流过程验证图

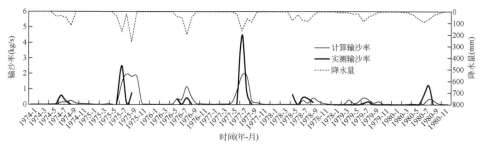

图 6-19　十八亩台径流站 1974～1980 年月输沙率过程验证图

　　根据模型模拟结果，给出南小河沟流域 1964～1980 年径流模数分布、坡面薄层水流侵蚀分布、坡面股流侵蚀分布、坡面重力侵蚀分布和坡面侵蚀产沙分布（图 6-20～图 6-24）。从图 6-20 可以看出，南小河沟流域径流模数较大的区域主要为塬面和沟道底部，与南小河沟流域径流主要来自塬面的实际符合较好；从图 6-21 可以看出，南小河沟流域的薄层水流侵蚀广泛分布于流域内的塬面和沟谷区域，其中，沟谷区域相对严重；从图 6-22 可以看出，南小河沟流域的坡面股流侵蚀主要发生在塬面向塬边过渡区及沟坡区；从图 6-23 可以看出，南小河沟流域坡面重力侵蚀主要发生在沟坡区；从图 6-24 可以看出，南小河沟流域坡面侵蚀主要发生在干沟沟头及较大支沟的沟谷地带。

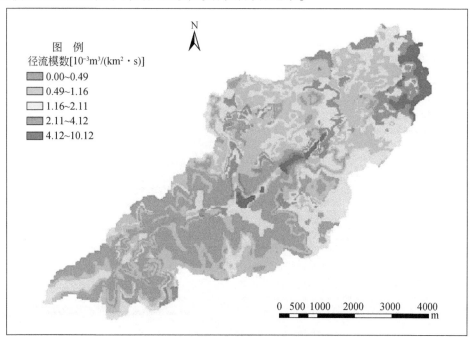

图 6-20　南小河沟流域径流模数图

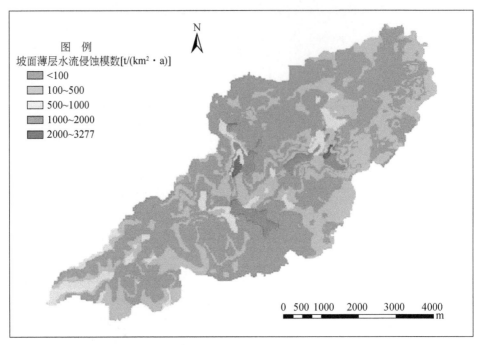

图 6-21　南小河沟流域 1964～1980 年坡面薄层水流侵蚀分布

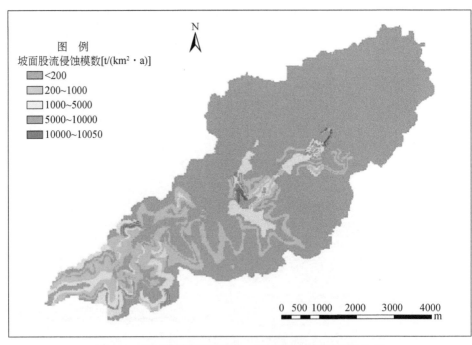

图 6-22　南小河沟流域 1964～1980 年坡面股流侵蚀分布

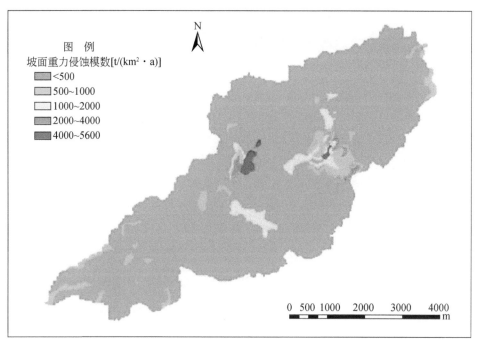

图 6-23 南小河沟流域 1964～1980 年坡面重力侵蚀分布

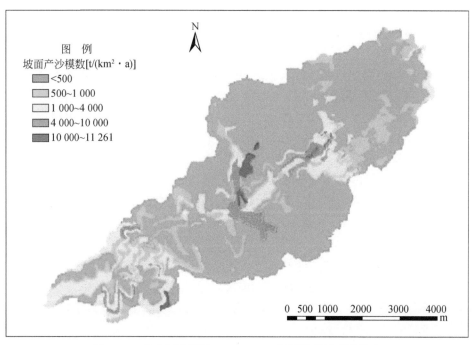

图 6-24 南小河沟流域 1964～1980 年坡面侵蚀产沙分布

6.3 模型在大尺度流域上的应用

6.3.1 研究区介绍

泾河位于黄土高原中部，处于六盘山和子午岭之间（106°20′E～108°48′E，34°24′N～37°20′N），发源于宁夏回族自治区泾源县关山东麓，流经宁夏、甘肃、陕西3省区，于陕西高陵县注入渭河。流域干流长为455.1 km，总落差为2180 m，为渭河的一级支流、黄河的二级支流，是黄河的十大水系之一。流域内水系比较发达，集水面积大于1000km²的支流有13条，大于500km²的支流有26条。流域总面积约4.5万 km²，张家山水文站位于泾河流域出口附近，控制面积为43 216km²，其中，水土流失面积为3.3万 km²。

（1）地形地貌

泾河流域地形西北高、东南低，总体地势是东北西三面向东南倾斜。流域内地貌复杂多样，主要有黄土丘陵沟壑区、黄土高塬沟壑区、土石山区、黄土丘陵林区和黄土阶地区5个地貌类型区，其中，以黄土丘陵沟壑区、黄土高塬沟壑区所占面积最大，分别为18 775km²、18 053km²，分别占流域总面积的41.13%、39.17%，是流域内两种主要的地貌类型。黄土丘陵沟壑区多年平均土壤侵蚀模数为10 000t/（km²·a），黄土高塬沟壑区为4000t/（km²·a）。黄土丘陵沟壑区的海拔在1500m以上，该区域丘陵起伏，沟壑纵横，山多川少，河流冲刷切割严重，沟谷多呈"V"形发育，切割深度为50～100m，谷间呈梁峁状，连绵起伏，梁峁顶部与沟谷底部高差可达150m以上，水土流失严重。黄土高塬沟壑区海拔为1100～1600m，地貌单元有塬面、残塬、梁峁、沟坡、沟谷、河川（图6-25）。

（2）水文与气候

泾河流域深居内陆，属温带半干旱半湿润大陆性季风气候，为暖温带—温带、半湿润—半干旱过渡带。其气候特点表现为雨热同季，降水变率大，气象灾害频繁。气温南高北低，年均气温为8～13℃，1月平均气温为2～7℃，7月平均气温为24～27℃。5～9月是泾河流域作物生长的旺盛期，此期内日照时数为1100～1300h，太阳总辐射为2800～3300 MJ/m²，分别占年总量的50%和55%以上；同期总降水量在300～500mm，占年降水量（400～650 mm）的75%～85%；同期日平均气温为12～22℃，日温差为10～16℃。形成高温多雨、水热同季、日温周期适宜的气候生态环境。流域年平均降水量为390～560 mm，年蒸发量为1000～1200 mm，降水集中于7～9月，占全年降水量的50%～60%，多以暴雨

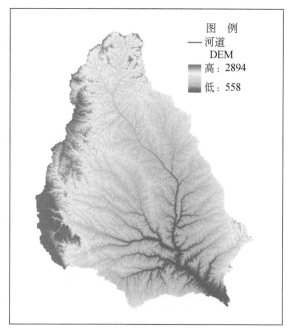

图 6-25　泾河流域示意图

形式出现。但降水量的年变化多呈单峰形，以 12 月降水量最少，7 月或 8 月最多，月降水量年际变化相当大。该地区大陆性气候强烈，因受季风影响，形成了冬季冷长、夏季短热、冬干夏湿的气候特征，有明显的生产季节。在农作物生长期内，气象要素年际变化大。

（3）土壤与植被

泾河全流域中黄绵土是最主要的土壤类型，占地面积达 29 104km²，占流域面积的 75.10%。其次是黑垆土，占全流域面积的 13.29%。褐土、灰褐土、红黏土、粗骨土、山地草甸土在流域内也有一定的分布。

泾河流域地处黄土高原森林草原区和干草原区，可以大致分为子午岭山地森林草原植区、黄土高原中部典型草原植被区、黄土残塬森林草原植被小区等。

6.3.2　数据及其利用

（1）DEM 数据与流域数字化特征

模型以 30m 分辨率 DEM 数据为基础，采用 ArcGIS 9.2 默认设置重采样为 1000m 分辨率的 DEM 为平台。以 50 个栅格数为河道阈值进行流域数字化河网和子流域套等高带计算单元数字特征的提取，提取的子流域与河网如图 6-26 所示。

流域共划分为 361 个子流域共 2257 个等高带。计算单元（等高带）平均面积为 18.84km^2。

图 6-26 模型子流域与河网图

由于划分后的基本计算单元（等高带）不能准确反映流域地貌条件，将使模型模拟的水沙过程失真，模型将 6.1.1 节中进行等高带坡度转换后的结果用于模型计算。

（2）径流与泥沙数据

用于模型率定和验证的径流泥沙数据均为实测资料，其中，径流数据为国家重点基础研究项目（973）"黄河流域水资源演化规律与可再生性维持机理"第二课题"黄河流域水资源演变规律与二元演化模型"项目采集的逐日径流数据，时段为 1979～1990 年，输沙率数据为泾河流域水文年鉴录入的逐日输沙率数据，时段为 1979～1990 年（缺 1988 年）。并将 1979～1985 年水沙资料用于模型的参数率定，1986～1990 年（缺 1988 年）作为模型验证。

河道泥沙级配及泥沙沉速是进行泥沙计算的基础，采用 1980 年《中华人民共和国水文年鉴》中典型河道断面的平均泥沙级配和平均沉速作为对应河道泥沙过程的泥沙级配等基础输入数据。表 6-17 为不同河段及其上游河段泥沙特征值的设定。

表 6-17　1980 年泾河部分河段悬移质泥沙特征值

站名	河段编码	中数粒径（mm）	上限粒径（mm）	平均沉速（cm/s）
平凉	251	0.0159	0.0500	0.1101
姚新庄	198	0.0192	0.0500	0.1216
太白良	201	0.0186	0.0500	0.1368
贾桥	134	0.0217	0.0400	0.0877
杨家坪	288	0.0185	0.0400	0.0964
雨落坪	185	0.0215	0.0500	0.0993
景村	343	0.0288	0.0750	0.1688
张家山	361	0.0291	0.0750	0.1896

（3）降水及气象数据

用于模型降雨数据输入的雨量站共 153 个，采用庆阳西峰站、平凉站、铜川站、中宁站、西安站、宝鸡站等气象站进行空间及时间上的插值，结果如图 6-27 所示。

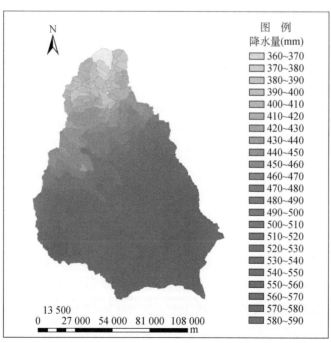

图 6-27　泾河流域 1956～2000 年年均降水量分布

（4）下垫面数据

下垫面数据主要包括土地利用、植被及土壤数据。其中，土地利用为泾河流域1985年土地利用数据（图6-28）。该数据直接利用黄河流域分布式水文模型——WEP-L模型设置（贾仰文等，2005）数据，其数据源为中国科学院遥感与数字地球研究所基于Landsat遥感数据生产，其斑块的地面分辨可达到30m。

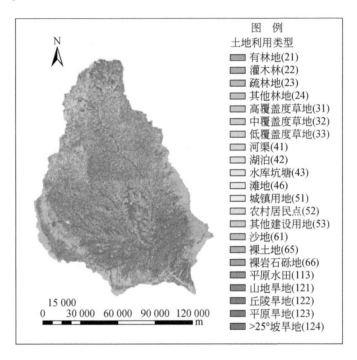

图 6-28　泾河流域1985年土地利用图

土壤及其特征信息采用全国第二次土壤普查资料（图6-29）。其中，土壤分布图比例尺分别为1∶1 000 000和1∶100 000两套。土层厚度和土壤质地均采用《中国土种志》上的"统计剖面"资料。为进行分布式水文模拟，根据土层厚度对机械组成进行加权平均，采用国际土壤分类标准进行重新分类（贾仰文等，2005）。

按森林、草地、都市树木、农作物4种典型下垫面给出逐月覆盖度、叶面积指数、地面以上植被高度及根系深度参数（王浩等，2010）。

（5）水利工程与水土保持数据

人类活动对流域水沙过程的影响具有双重性。一方面表现为陡坡开荒、毁林开荒、大规模工程建设等造成的水土流域。另一方面表现为通过工程措施、植被

图 6-29　泾河流域土壤类型分布图

措施、耕作措施等进行大规模水土保持治理减少水土流失。工程措施目前主要有修建梯田、建设淤地坝等。说明人类活动主要通过改变流域下垫面来影响流域水沙过程。其中，植被措施和增加水土流失的人类活动主要表现为土地利用类型的变化，而工程措施主要表现为修建水平梯田及建设淤地坝形成的坝地面积变化。模型采用的水土保持数据为 1986 年流域内水平梯田与坝地数据（王浩等，2010），如图 6-30、图 6-31 所示。

　　流域内有一座大型水库——巴家嘴水库。本研究为简化研究，采取按水位库容曲线等水库属性数据给出调度规则，同时为减小水库对径流过程的影响，采用月时间尺度进行模型的率定和验证（图 6-32）。

　　水库自 1960 年运用以来，采用过 3 种运用方式，经历了 5 个运用阶段。其中在 1977 年 8 月 ~ 1998 年 5 月为蓄清排浑运用方式，由于泄洪能力不足，遇较大洪水时水库仍然产生滞洪淤积（殷兆熊，1981）。1977 年 8 月 ~ 1992 年 10 月水库总淤积量为 0.047 亿 m³（孔繁洲，2006），根据这些特点取排沙比为 0.93（焦恩泽和陈士丹，1989）。

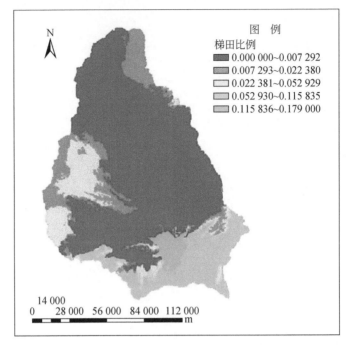

图 6-30　泾河流域 1986 年水平梯田分布图（子流域套等高带结构）

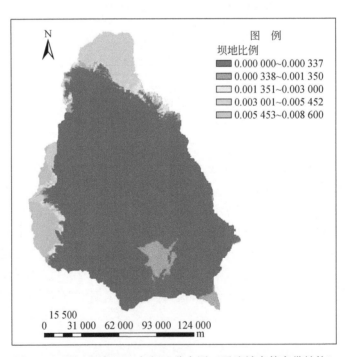

图 6-31　泾河流域 1986 年坝地分布图（子流域套等高带结构）

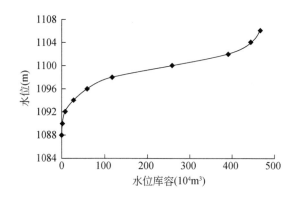

图 6-32　巴家嘴水库水位库容曲线（殷兆熊，1981）

6.3.3　模型的率定与验证

　　WEP-L 模型曾在国家重点基础研究项目（973）"黄河流域水资源演化规律与可再生性维持机理"中实现了对黄河全流域水文过程的模拟，以支撑黄河流域水资源及其演变规律研究。本研究借鉴该项目形成的基础参数体系，通过对土壤厚度、土壤饱和导水系数、地下水含水层导水系数、河床材料导水系数与厚度比值实现了对径流过程的率定，并在此基础上通过薄层水流侵蚀土壤可蚀性系数、薄层水流输沙能力系数、股流输沙能力系数、河道泥沙恢复饱和系数和含沙水流与清水径流断面面积转换系数实现了河道输沙率过程的率定。由于流域坡面–河道之间的水沙关系比较复杂，在进行流域泥沙过程模拟调参的过程中优先对河道泥沙恢复饱和系数进行调整，其次为清水径流断面面积转换系数，坡面参数基本采用南小河沟流域的参数，不做调整。

　　选取东干流上游黄土丘陵沟壑区的洪德水文站、东干流把口站雨落坪站、西干流把口站杨家坪站和下游张家山站用于模型的率定和验证。泾河流域部分水文断面水沙过程率定与验证结果见表 6-18。从验证结果看，对泾河流域逐月径流量过程 Nash-Sutcliffe 效率系数可以达到 0.72 以上，相关系数可以达到 0.84 以上，相对误差小于 ±17.00%；逐月输沙率过程 Nash-Sutcliffe 效率系数可以达到 0.63 以上，相关系数可以达到 0.76 以上，相对误差小于 ±15.00%。各水文断面逐月径流量与输沙率过程率定与验证如图 6-33 ~ 图 6-40 所示。

表 6-18　泾河流域部分水文断面水沙过程率定与验证结果

水文站	水沙要素		Nash-Sutcliffe 效率系数	相关系数	相对误差（%）
洪德	率定期	径流量	0.85	0.91	16.80
		输沙率	0.81	0.82	11.85
	验证期	径流量	0.89	0.85	12.30
		输沙率	0.76	0.85	12.20
杨家坪	率定期	径流量	0.87	0.91	7.29
		输沙率	0.66	0.89	7.46
	验证期	径流量	0.72	0.91	6.54
		输沙率	0.79	0.90	1.36
雨落坪	率定期	径流量	0.81	0.86	7.30
		输沙率	0.63	0.76	6.87
	验证期	径流量	0.84	0.96	7.30
		输沙率	0.81	0.91	−7.01
张家山	率定期	径流量	0.84	0.87	−5.43
		输沙率	0.80	0.84	14.13
	验证期	径流量	0.83	0.84	7.40
		输沙率	0.81	0.83	14.13

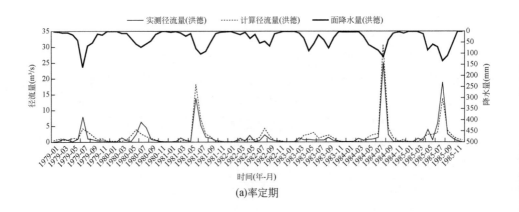

(a)率定期

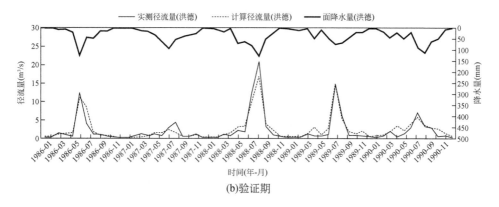

(b)验证期

图 6-33　洪德站逐月径流量过程率定与验证

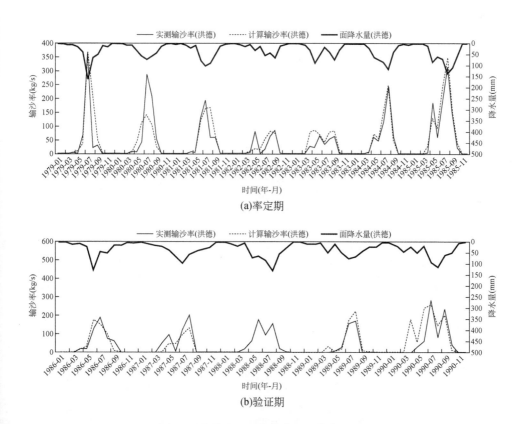

(a)率定期

(b)验证期

图 6-34　洪德站逐月输沙率过程率定与验证

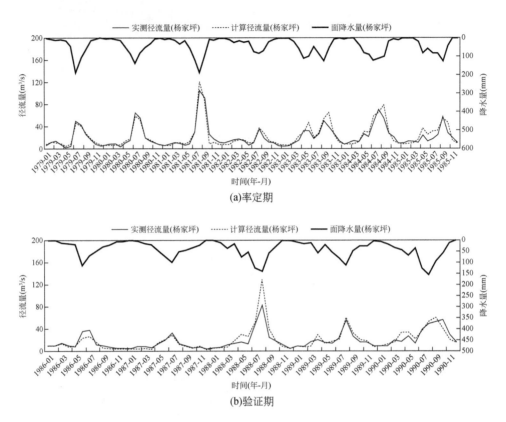

图 6-35　杨家坪站逐月径流量过程率定与验证

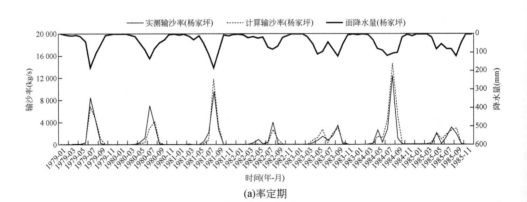

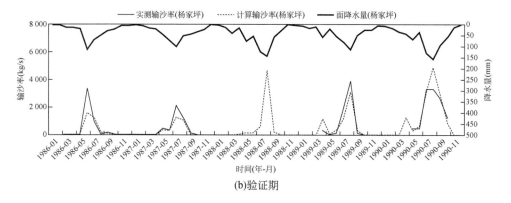

(b)验证期

图6-36 杨家坪站逐月输沙率过程率定与验证

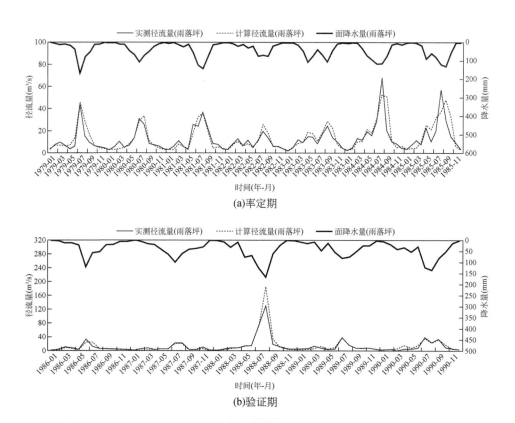

图6-37 雨落坪站逐月径流量过程率定与验证

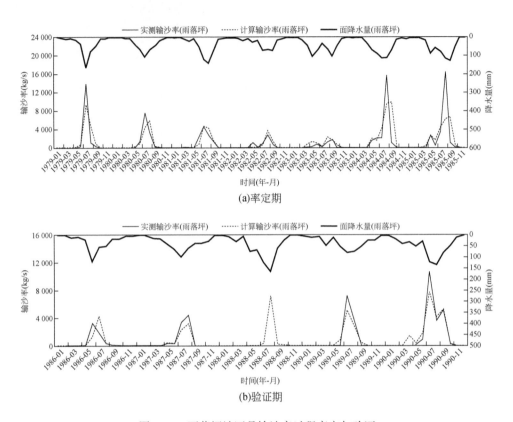

图 6-38　雨落坪站逐月输沙率过程率定与验证

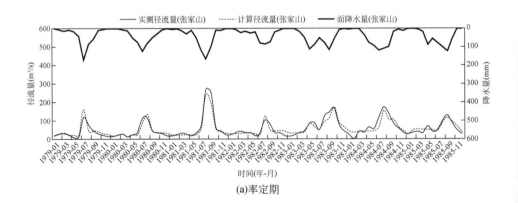

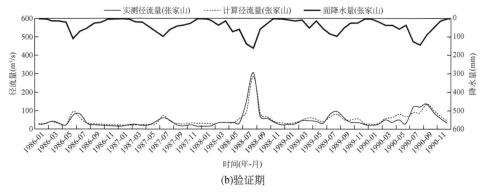

(b)验证期

图 6-39　张家山站逐月径流量过程率定与验证

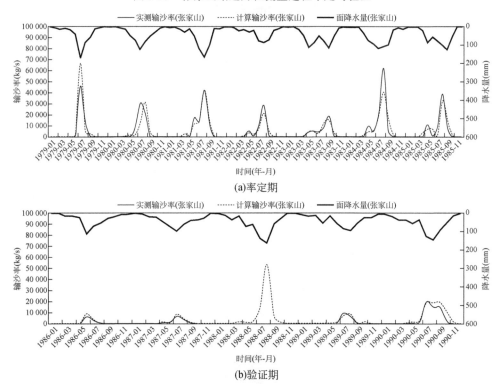

(a)率定期

(b)验证期

图 6-40　张家山站逐月输沙率过程率定与验证

　　根据模型计算的结果，泾河流域径流模数的高值区主要位于下游干流中部的高塬沟壑区，而上游的丘陵沟壑区较少（图 6-41）。泾河流域主要为中度侵蚀区和强度侵蚀区，其中，强度侵蚀区主要分布在东干流上游的丘陵沟壑区，极强度侵蚀区和剧烈侵蚀区主要发生在宁夏彭阳地区山区和上游丘陵沟壑区的部分地带，总体上反映了泾河流域产沙主要来自雨落坪以上河段而径流主要来自杨家坪以上河段的"水沙异源"情况（图6-42）。

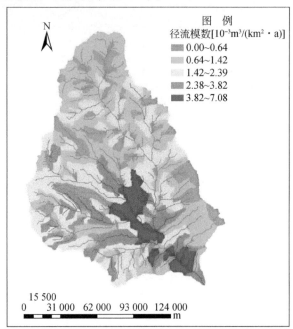

图 6-41　泾河流域径流模数分布

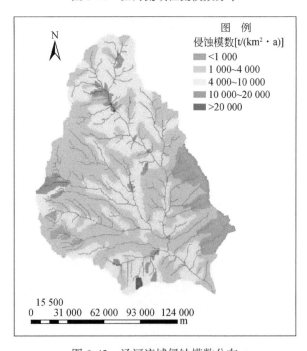

图 6-42　泾河流域侵蚀模数分布

6.4　模型参数在不同尺度流域上的变化分析

基于物理机制的分布式模型一般设置的参数较多，在实际应用中很难取得全部真实参数，需要随着模型应用的尺度变化特点在各参数的物理意义指导下进行调整。

本模型的开发平台 WEP-L 模型主要参数包括土壤参数、地下含水层导水系数和给水度、植被参数、坡面及河道的糙率和河床的透水系数等。经过长期应用表明，模型的大多数参数可不进行率定，只需对土壤层厚度、土壤饱和导水系数、地下水含水层导水系数与给水度、河床材料的通水系数与厚度的比值及 Manning 糙率系数等几个主要参数进行率定，就可以实现对客观流域较好的模拟。

在上述水文过程模拟参数的基础上，流域泥沙过程设置的计算参数包括坡面典型侵蚀地貌、坡面侵蚀输沙过程和河道泥沙过程三类共参数。其中，坡面典型侵蚀地貌参数在南小河沟流域（典型的高原沟壑区）的应用证明比较符合实际，而李斌兵等（2008）在黄土高原丘陵区的研究表明也具有较高的精度，因此，直接取 5.4 节中的率定值进行模型计算。坡面侵蚀过程参数包括雨滴溅蚀、薄层水流侵蚀、股流侵蚀和重力侵蚀等侵蚀输沙过程参数，其中，雨滴溅蚀由于主要为雨滴直接对地面溅击剪切后土体的侧向分离，土壤位移的空间尺度很小，只计算其侵蚀量，其产沙量主要通过薄层水流输移产生，直接计入薄层水流产沙过程，其参数也直接采用适宜黄土区的计算公式和参数，不考虑参数率定问题。在上述考虑后，根据参数的物理意义，模型在不同应用时主要考虑调整如下 5 个参数，即土壤可蚀性系数，薄层水流输沙能力系数，股流输沙能力系数，河道泥沙恢复饱和系数和含沙水流与清水径流断面面积转换系数。

从表 6-19 可以看出，本研究中共利用了 30m 和 1000m 两种分辨率 DEM 数据，研究流域面积为 0.87 ~ 43 216km²。研究中基本计算单元的平均面积为 0.1 ~ 18.84km²，数字河网提取的阈值为 0.045km² 和 50km² 两种。

表 6-19　流域空间尺度特征

相关尺度特征		杨家沟小流域	董庄沟小流域	南小河沟流域	泾河流域参证站区间			
					洪德站	杨家坪站	雨落坪站	张家山站
DEM 数据分辨率（m）		30			1000			
流域面积	实际（km²）	0.87	1.15	30.6（十八亩台站）	4 640	14 124	19 019	43 216
	模拟（km²）	1.02	1.03	30.65	4 602	14 386	18 665	42 516
	比例	1.17	0.90	1.00	0.99	1.02	0.98	0.98

相关尺度特征		杨家沟小流域	董庄沟小流域	南小河沟流域	泾河流域参证站区间			
					洪德站	杨家坪站	雨落坪站	张家山站
计算单元	平均面积（km²）	0.1	0.1	0.07	16.8	20.73	16.88	18.84
	流域面积比例	0.0980	0.0971	0.0023	0.0037	0.0014	0.0009	0.0004
	面积范围（km²）	0.1~0.11	0.1~0.11	0.01~0.44	2~43	1~72	2~46	1~78
	平均长宽比	107.28	150.7	107.3	32.69	27.44	29.06	28.37
河道汇流阈值	阈值（km²）	0.045	50	—	—	—	—	—
	流域面积比例	0.0441	0.0437	0.0015	0.0108	0.0035	0.0026	0.0012

从表 6-20 可以看出，在较小尺度流域土壤层厚度取值与具体地貌条件联系比较密切，而随着模拟尺度的增大，土壤层厚度的取值总体变得较小，说明随着计算单元的增大，土壤层厚度的取值之间接近流域的均化下垫面情况。对土壤饱和透水系数，在较小尺度上存在较大的空间变异，而在较大尺度上土壤饱和透水系数的取值变化相对较小，且基本可以保持第一层和第二层土壤的渗透系数基本一致。对地下含水层导水系数，在较小研究流域按照相同地区研究文献直接按地形变异给定计算值，而在较大的计算尺度上则可以保持不变。对河床材料导水系数与厚度比值，在较小尺度上可以基本保持相同数值，不做调整；而在较大尺度上该参数存在较大的变异，说明由于不同研究区域的地质特征不同，其河道与地下水的交换变异在模型中有一定程度的体现。对河道 Manning 糙率系数，在较小尺度上体现出较大的变异，同时在小尺度流域应用时该参数对流域径流输沙过程中的影响较小，而在较大尺度上基本可以保持统一参数值。对薄层水流土壤可蚀性系数及薄层水流输沙能力系数，在较小尺度流域相同下垫面情况下保持不变；而在较大流域时，由于缺乏具体的试验观测结果对参数调整结果进行指导，直接沿用了较小尺度流域的率定值，其具体的变化特点还需要进行深入研究。对股流侵蚀系数，由于其对流域的具体输沙过程影响较大，在模型应用中进行了适度的调整，可以看出在较小尺度上其取值相对较大，而在较大流域上其取值有减小的趋势，具体取值需要根据河道水沙变化情况进行调整。对河道泥沙恢复饱和系数及含沙水流与清水径流断面面积转换系数，在不同尺度流域上均存在着较大的变异。

表6-20　不同尺度流域模型水沙过程参数比较表

模拟过程	参数		杨家沟小流域	董庄沟小流域	南小河沟流域	泾河流域参证站控制区间			
						洪德	雨落坪	杨家坪	张家山
水循环过程	土壤层厚度（m）	第一层	0.5	0.5	0.5	0.3	0.3	0.15	0.1
		第二层	0.8	0.8	0.8	0.8	0.65	0.4	0.2
		第三层	3.0	3.0	3.0	1.0	0.9	1.0	0.8
	土壤饱和导水系数（cm/s）	第一层	5×10^{-4}	2×10^{-4}	2×10^{-4}	1.1×10^{-4}	2.7×10^{-4}	1.3×10^{-4}	1.3×10^{-4}
		第二层	5×10^{-4}	5×10^{-5}	4×10^{-4}	1.1×10^{-5}	2.7×10^{-5}	1.3×10^{-5}	1.3×10^{-5}
		第三层	4×10^{-4}	5×10^{-5}	8×10^{-5}	1.1×10^{-5}	2.7×10^{-5}	1.3×10^{-5}	1.3×10^{-5}
	地下水含水层导水系数（cm/s）		$0.02\sim1.5$	$0.02\sim1.5$	$0.02\sim1.5$	0.04	0.04	0.06	0.05
	地下水含水层给水度		$0.08\sim0.2$	$0.08\sim0.2$	$0.08\sim0.2$	0.04	0.04	0.04	0.04
	河床材料导水系数与厚度比值（1/s）		1×10^{-5}	1×10^{-5}	1×10^{-5}	3.3×10^{-6}	4×10^{-6}	2.5×10^{-5}	3.5×10^{-5}
	河道Manning糙率系数		0.2	0.02	0.08	0.05	0.05	0.05	0.05
侵蚀输沙过程	薄层水流侵蚀土壤可蚀性系数		$60\sim170$	$60\sim170$	$60\sim170$	$60\sim170$	$60\sim170$	$60\sim170$	$60\sim170$
	薄层水流输沙能力系数		300	500	450	450	450	450	450
侵蚀输沙过程	股流侵蚀系数	浅沟	1500	1500	1500	1200	1080	1200	1100
		切沟	1300	1300	1300	1300	1300	1300	1300
	河道泥沙恢复饱和系数		0.001	0.5	0.22	0.5	$0.05\sim0.65$	$0.05\sim0.3$	$0.05\sim0.4$
	含沙水流与清水径流断面面积转换系数		0.87	1.05	0.35	$1\sim1.6$	$0.8\sim1.15$	$0.75\sim0.85$	$1.0\sim1.05$

综上所述，模型参数在不同尺度应用时均存在着一定变异，其尺度依赖性总体表现为在较小的尺度上模型的全局参数表现出较大的变异性，而在较大的尺度上则相对稳定。而非全局性的参数（如河道泥沙恢复饱和系数），则在不同的尺度上均存较大的变异。

6.5　本章小结

本章分析了基于不同分辨率DEM数据平台的子流域套等高带结构对计算单

元坡度，以及输入数据处理方面的相关尺度问题。然后进行了模型在不同尺度流域上的验证。主要结论如下。

1) 模型前处理采用不同分辨率 DEM 提取子流域套等高带信息时，栅格面积占流域面积的比例大于 2.98×10^{-3} 时，将不能很好地表现流域平面结构。同时，随着 DEM 分辨率的降低，计算单元坡度信息将严重失真。为此，提出了低分辨率 DEM 区域坡度向高分辨率 DEM 区域坡度转换的方法。为模型在较大尺度流域的应用奠定了基础。此外，模型结构较好地保留了输入数据源信息，为模型的应用精度提供了保证。

2) 将模型分别在南小河沟流域和泾河流域进行了率定和验证，结果表明，通过调参，模型具有较好的尺度适应性，能够用于不同尺度流域水沙过程的模拟。模型在不同尺度流域应用时，由于计算单元和模拟对象的尺度变化，模型参数表现出了不同的特点。由于输沙关系的复杂性，模拟的结果存在一定的不确定性，今后需要对坡面–沟道耦合情况下的水沙变化规律进行深入研究。

|第7章| 人类活动对流域水沙过程影响的模拟分析

人类活动对流域水沙过程的影响主要有两个途径：一是通过取用水等活动直接改变流域径流和泥沙过程通量，二是通过改造下垫面，从而改变流域产水产沙条件间接影响流域水沙过程。其中，第二种途径涉及流域降水、植被、土壤、土地利用、人类水土保持与工程建设活动等多种因素，对流域水沙过程的影响更为复杂和深入。本研究主要通过模拟第二种人类活动情形对流域水沙过程的影响进行模拟分析。

人类活动（下垫面变化）对流域水沙过程的影响具有双重性。一方面表现为陡坡开荒、毁林开荒、大规模工程建设等造成的水土流域。另一方面表现为通过工程措施、植被措施、耕作措施等进行大规模水土保持治理减少水土流失。水土保持的工程措施主要有修建梯田、建设淤地坝等，植被措施主要包括植树造林与人工营造草地等。其中，植被措施和增加水土流失的人类活动（下垫面变化）主要表现为土地利用类型的变化，而工程措施主要表现为修建水平梯田及建设淤地坝形成的坝地面积变化。因此，可以利用土地利用数据和水土保持数据对不同的人类活动（下垫面变化）情景下的流域水沙变化进行模拟。

近年来的研究表明，降水、人类活动的影响是引起流域水沙过程变化的主要原因。景可和陈永宗（1983）采用相关分析研究认为，黄土高原地区 1919～1949 年人类活动造成的加速侵蚀占 18.4%，1950～1983 年人类活动影响进一步增强了流域加速侵蚀的趋势，达到 25%。许炯心（2000）研究认为，黄河中游多沙粗沙区 1998～2006 年的水沙演变影响因素中人类活动的影响已经成为支配产沙过程的主导因素，对产沙量变化的贡献率达到 65%。高鹏（2010）研究认为，1950～2008 年降水和人类活动是影响黄河中游水沙变化的主要驱动因素。降水和人类活动的减水贡献率分别为 30% 和 70%；减沙贡献率分别为 20% 和 80%。然而，这些结论均是基于资料分析得出的结论。利用分布式水沙耦合模型再现流域水沙演变过程，深入探求其深层次的科学机理，对开展大规模水土保持与生态治理、增强人类应对气候变化的能力具有重要作用。

利用构建的泾河流域分布式水沙耦合模型和"黄河流域水资源演变规律与二元演化模型"课题研究数据，以 1956～2000 年降雨情景等数据为基础，分析了泾河流域人类活动（下垫面变化）影响下的流域水沙过程变化趋势，以及梯田、坝地等水利水土保持工程措施减水减沙效益，为今后系统研究人类活动对流域泥沙的影响做初步探索。

7.1　流域土地利用变化和水土保持措施

选取的降雨情景时段为 1956~2000 年。用于建模的数据主要来自国家重点基础研究项目（973）"黄河流域水资源演化规律与可再生性维持机理"第二课题"黄河流域水资源演变规律与二元演化模型"。用于情景模拟的数据主要为 1985 年、1995 年、2000 年三期土地利用数据和 1986~2000 年水平梯田与淤地坝分布数据。

7.1.1　土地利用数据及其处理

利用的三期土地利用数据均为中国科学院遥感与数字地球研究所基于 Landsat TM 遥感数据生产，其斑块的地面分辨可达到 30m。

从表 7-1 可以看出，泾河流域土地利用类型涵盖 6 种一级分类、22 种二级分类，其中，占主导的土地利用类型为丘陵旱地和中覆盖度草地，其次为平原旱地和低覆盖度草地。综合对比三期土地利用数据发现，不同时期的土地利用格局虽然没有较大变化，但其他林地（24）和低覆盖度草地（33）的面积逐年递增明显，同时对流域产沙过程影响较大的山地旱地（121）、丘陵旱地（122）、>25°坡旱地（124）、裸土地（65）等土地利用类型变化显著，与 1985 年相比，1995 年变化率分别为 1.87%、2.06%、16.14%、3213.24%，2000 年变化率分别为 0.80%、2.25%、6.26%、3230.14%。说明相对于 1985 年，泾河流域植树造林等减少水土流失的措施增加明显，同时草地退化也较为显著，特别是对水土流失有重要影响的耕地和裸土地均有波动增加的趋势。因此，两方面综合作用下流域水沙过程变化趋势怎样变化，是人们普遍关心的问题。

表 7-1　泾河流域土地利用情况

土地利用 类型（代码）	面积（km²）				
	1985 年	1995 年	相对 1985 年变化率	2000 年	相对 1985 年变化率
平原水田（113）	0.36（0.00%）	0.36（0.00%）	0.00	0.36（0.00%）	0.00
山地旱地（121）	1 376.16（3.24%）	1 401.92（3.30%）	1.87	1 387.19（3.26%）	0.80

续表

土地利用 类型（代码）	面积（km²）				
	1985 年	1995 年	相对 1985 年变化率	2000 年	相对 1985 年变化率
丘陵旱地（122）	12 697.38（29.86%）	12 959.03（30.48%）	2.06	12 982.89（30.54%）	2.25
平原旱地（123）	4 284.07（10.08%）	4 145.83（9.75%）	−3.23	4 123.06（9.70%）	−3.76
>25°坡旱地（124）	27.33（0.06%）	31.74（0.07%）	16.14	29.04（0.07%）	6.26
有林地（21）	666.65（1.57%）	654.79（1.54%）	−1.78	653.09（1.54%）	−2.03
灌木林（22）	2 201.67（5.18%）	2 018.43（4.75%）	−8.32	2 065.25（4.86%）	−6.20
疏林地（23）	1 127.76（2.65%）	1 067.63（2.51%）	−5.33	1 083.48（2.55%）	−3.93
其他林地（24）	65.39（0.15%）	80.54（0.19%）	23.17	92.69（0.22%）	41.75
高覆盖度草地（31）	965.07（2.27%）	879.66（2.07%）	−8.85	898.94（2.11%）	−6.85
中覆盖度草地（32）	15 656.79（36.83%）	12 146.67（28.57%）	−22.42	12 107.76（28.48%）	−22.67
低覆盖度草地（33）	2 733.63（6.43%）	6 379.07（15.00%）	133.36	6 276.53（14.76%）	129.60
河渠（41）	20.75（0.05%）	38.25（0.09%）	84.34	24.24（0.06%）	16.82
湖泊（42）	4.01（0.01%）	4.34（0.01%）	8.23	4.03（0.01%）	0.50
水库坑塘（43）	14.09（0.03%）	11.42（0.03%）	−18.95	12.25（0.03%）	−13.06
滩地（46）	137.36（0.32%）	92.92（0.22%）	−32.35	126.48（0.30%）	−7.92
城镇用地（51）	35.55（0.08%）	39.06（0.09%）	9.87	41.02（0.10%）	15.39
农村居民点（52）	492.76（1.16%）	482.65（1.14%）	−2.05	525.91（1.24%）	6.73
其他建设用地（53）	6.84（0.02%）	8.51（0.02%）	24.42	8.29（0.02%）	21.20
沙地（61）	0.36（0.00%）	0.36（0.00%）	0.00	0.36（0.00%）	0.00
裸土地（65）	2.19（0.01%）	72.56（0.17%）	3 213.24	72.93（0.17%）	3 230.14
裸岩石砾地（66）	0.00（0.00%）	0.27（0.00%）	—	0.27（0.00%）	—

注：括号内数据为相应土地利用类型的比例

7.1.2　水土保持数据及其处理

水土保持措施包括工程措施、植被措施及耕作措施等。由于人工林草地建设等信息已包含在不同时期的土地利用数据中，这里的水土保持数据主要指梯田和淤地坝建设形成的水平梯田和坝地的空间分布数据。由于工程措施一般投入大见效快，其产生的水土保持效益是科研及管理部门最为关心的问题之一。本研究利用的数据为黄河流域范围内各省 1986～2000 年水利统计资料中采集的。从图 7-1可以看出，1986～2000 年，泾河流域的水平梯田和坝地面积基本以线性变化的趋势逐年增长。其中，水平梯田面积从 1986 年的 8.17km^2 增加至 2000 年的 13.01km^2，而坝地面积从 1986 年的 0.28km^2 增加至 2000 年的 0.61km^2。

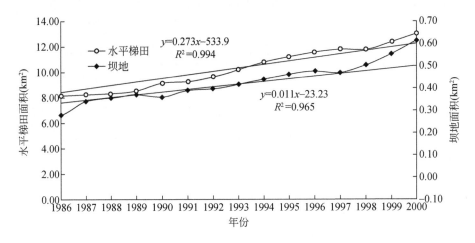

图 7-1　泾河流域水土保持实施面积

由于分布式模拟的需要，收集到的数据需进行空间展布。其处理方法为，将获取的各县历年坝地和水平梯田的分布面积比统计成果表与对应行政区县分区图相链接，并按照计算单元栅格文件的空间分辨率（1km）和图幅，转换成相应坝地和水平梯田的分布栅格图。然后通过栅格空间统计，获得计算单元对应的坝地和水平梯田的分布面积比（王浩等，2010）。对历史情景下的水土保持数据则按照图 7-1 中的线性变化关系进行差值。

7.2　情景设置

为了尝试说明人类活动对流域产水产沙过程的影响及水土保持工程措施水土保持效益等进行水土保持治理过程中人们关心的问题，本研究共设定 4 种不同的人类活动情景。

情景 1：历史下垫面情景，即真实下垫面变化情景下模拟 1956～2000 年泾河流域水沙变化过程，用于还原真实下垫面变化情况下流域水沙变化情况。

情景 2：1985 年土地利用下垫面情景，即下垫面保持 1985 年土地利用和水土保持工程措施状态不变条件下 1956～2000 年模拟泾河流域水沙变化过程。与情景 1 对比可以说明 1985 年水土保持措施对流域水沙关系的影响。

情景 3：2000 年土地利用下垫面情景，即下垫面保持 2000 年土地利用和水土保持工程措施状态不变条件下 1956～2000 年模拟泾河流域水沙变化过程。与情景2对比可以说明，1985~2000年人类活动减水减沙与增水增沙过程的对比关系。

情景4：2000年土地利用和水土保持措施下垫面情景，即下垫面保持2000年土地利用但不含水土保持工程措施状态，模拟泾河流域1956~2000年水沙变化过程。与情景3对比可以说明不同降雨情景下水平梯田、坝地等工程类水土保持措施的水土保持效益。

7.3 人类活动对泾河流域水沙过程演变的影响分析

研究采用代表时段方法，分别对1956~1959年、1960~1969年、1970~1979年、1980~1989年、1990~2000年、1956~1979年、1980~2000年7个情景时段的河道水沙量变化进行对比分析。

从表7-2可以看出，泾河流域历史下垫面情景（情景1）下1956~1959年、1960~1969年、1970~1979年、1980~1989年、1990~2000年的流域年均径流量分别为17.91亿m^3、24.07亿m^3、19.96亿m^3、17.35亿m^3、8.20亿m^3。说明流域径流量与降雨的变化趋势一致，自20世纪60年代起流域径流量开始明显减少。根据径流的变化可以以1980年为界，明显地分为丰枯两个时段，其中，1956~1979年的年均径流量达21.33亿m^3，是1956~2000年年均径流量的1.24倍；而1980~2000年的年均径流量为12.56亿m^3，仅为1956~2000年均径流量的72.85%。

表7-2　不同下垫面情景河道径流量变化

时段	年均降雨量（mm）	年均径流量（$10^8 m^3$）			
		情景1	情景2	情景3	情景4
1956~1959年	526.80	17.91	18.19	18.59	19.35
1960~1969年	555.18	24.07	24.41	25.17	26.26
1970~1979年	496.55	19.96	20.16	20.68	21.98
1980~1989年	492.07	17.35	17.34	17.87	18.61
1990~2000年	464.51	8.20	8.08	8.33	9.31
1956~1979年	526.02	21.33	21.60	22.20	23.33
1980~2000年	477.64	12.56	12.49	12.87	13.74
1956~2000年	503.44	17.24	17.35	17.85	18.85

与历史下垫面情景（情景1）相比，1985年土地利用下垫面（情景2）1956~1959年、1960~1969年、1970~1979年、1980~1989年、1990~2000年对应情景

时段的平均年流域径流量分别变化2%、1%、1%、0%、-1%，变化幅度均在±2%以内，说明情景2相对于情景1人类活动对流域的产汇流条件影响较小，但可以明显看出1985年下垫面情况下，增大了1956~1979年的流域横向水通量，说明该时期人类活动造成的增洪量大于减洪量。相对于情景1，情景2的1956~1979年年均径流量增加0.27亿m³，而1980~2000年年均径流量减少0.07亿m³，在1956~2000年总体上表现为径流量增加；情景3在不同时段的径流量均表现为增加趋势，说明1956~2000年以来人类活动造成的径流增量大于水土保持减水量。对比情景3和情景2可以发现，人类活动在扣除1985~2000年新增的水土保持措施减水效益的基础上，在1956~1959年、1960~1969年、1970~1979年、1980~1989年、1990~2000年不同情况下仍然分别增加0.40亿m³、0.76亿m³、0.51亿m³、0.52亿m³、0.25亿m³。

2000年下垫面（情景3）及2000年下垫面减去工程水土保持措施（情景4）与情景1相比，在不同时段均表现出径流增加趋势。说明在不同时段，2000年下垫面情景下的人类活动增水量大于水土保持措施的减水量。同时对比情景3和情景4可以看出，工程类水土保持措施减水效益明显：1956~1959年、1960~1969年、1970~1979年、1980~1989年、1990~2000年对应时段分别减水0.76亿m³、1.09亿m³、1.3亿m³、0.74亿m³、0.98亿m³，其中，由于1956~1979年降雨较多，平均减水效益为1.13亿m³，而在1980~2000年为0.87亿m³，总体上年均减水效益为1亿m³。

从图7-2可以看出，泾河流域出口的径流量与降雨量的年代变化增减变化趋势一致，说明自然条件对泾河流域径流的影响仍占主导地位。但不同情景下的响应关系不同，其中情景4在1956~1959年时段到1960~1969年时段间的径流量增长率远大于降雨增长率，而1970~1979年时段开始，在降雨减少速率较小的情况下径流量迅速减少，说明情景4条件下对缓解气候的变化能力最弱，其次为情景3和情景2。表明水平梯田、坝地等水土保持工程措施对调节流域降水-产流关系起到了重要作用。

与历史下垫面情景（情景1）相比，1985年土地利用下垫面（情景2）1956~1959年、1960~1969年、1970~1979年、1980~1989年、1990~2000年的平均年输沙量分别变化2%、0.3%、1%、1%、-3%，说明在1956~1985年人类活动的增沙量大于减沙量，在1990~2000年人类活动的增沙量也大于减沙量。这种情况在2000年下垫面（情景3）中体现更为直接，与历史下垫面相比，分别变化5%、6%、5%、5%、3%，说明不同时期的人类活动增加的产沙量大于其减少的产沙量。对比情景3和情景2可以发现，在扣除1985~2000年新增的水土保持措施减沙效益的基础上，1956~1959年、1960~1969年、1970~1979年、1980~

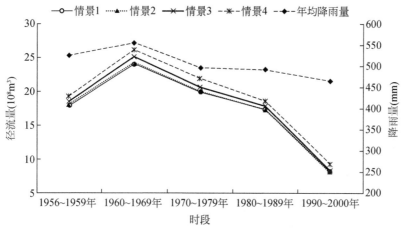

图 7-2　泾河流域降雨-径流量年代变化

1989 年、1990~2000 年不同情况下人类活动造成的流域增加产沙量分别为 0.07 亿 t、0.13 亿 t、0.08 亿 t、0.10 亿 t、0.04 亿 t。

对比情景 3 和情景 4 可以看出，工程类水土保持措施减沙效益明显：1956~1959 年、1960~1969 年、1970~1979 年、1980~1989 年、1990~2000 年对应时段分别减沙 0.23 亿 t、0.32 亿 t、0.28 亿 t、0.16 亿 t、0.12 亿 t，其中，1956~1979 年平均减沙效益为 0.29 亿 t，而 1980~2000 年为 0.14 亿 t，总体上年均减沙效益为 0.22 亿 t。

从表 7-3 可以看出，泾河流域历史下垫面（情景 1）下 1956~1959 年、1960~1969 年、1970~1979 年、1980~1989 年、1990~2000 年的平均年流域输出沙量分别为 2.22 亿 t、2.53 亿 t、1.94 亿 t、2.07 亿 t、0.62 亿 t。相对于 1956~1959 年，1960~1969 年、1970~1979 年、1980~1989 年、1990~2000 年的平均年输沙量分别变化 14%、-13%、-7%、-72%。说明自 20 世纪 60 年代起流域输出泥沙开始明显减少，但与流域降雨、径流量不同的是，在 1980~1989 年的侵蚀量较 1970~1979 年多出 0.13 亿 t，说明该时期的人类活动的增沙量大于减沙量。以 1980 年为界，流域在 1956~1979 年年均输沙量为 2.23 亿 t，1980~2000 年年均输沙量为 1.31 亿 t，分别是 1956~2000 年多年平均的 1.24 和 0.73 倍。

表 7-3　不同下垫面情景河道输沙量变化

时段	年均降雨量（mm）	年均输沙量（10^8t）			
		情景 1	情景 2	情景 3	情景 4
1956~1959 年	526.80	2.22	2.27	2.34	2.57
1960~1969 年	555.18	2.53	2.54	2.67	2.99

时段	年均降雨量（mm）	年均输沙量（10^8 t）			
		情景 1	情景 2	情景 3	情景 4
1970~1979 年	496.55	1.94	1.95	2.03	2.31
1980~1989 年	492.07	2.07	2.09	2.19	2.35
1990~2000 年	464.51	0.62	0.60	0.64	0.76
1956~1979 年	526.02	2.23	2.25	2.35	2.64
1980~2000 年	477.64	1.31	1.31	1.38	1.52
1956~2000 年	503.44	1.80	1.81	1.89	2.11

与历史下垫面情景（情景 1）相比，1985 年土地利用下垫面（情景 2）1956~1959 年、1960~1969 年、1970~1979 年、1980~1989 年、1990~2000 年对应时段的平均年输沙量分别变化 2%、0.3%、1%、1%、-3%，说明在 1956~1985 年人类活动的增沙量大于减沙量，在 1990~2000 年人类活动的增沙量也大于减沙量。这种情况在 2000 年下垫面（情景 3）中体现更为直接，与历史下垫面相比，分别变化 5%、6%、5%、5%、3%，说明不同时期的人类活动的增沙量大于其减沙量。对比情景 3 和情景 2 可以发现，在扣除 1985~2000 年新增的水土保持措施减沙效益的基础上，1956~1959 年、1960~1969 年、1970~1979 年、1980~1989 年、1990~2000 年不同情况下人类活动造成的流域增沙量分别为 0.07 亿 t、0.13 亿 t、0.08 亿 t、0.10 亿 t、0.04 亿 t。

对比情景 3 和情景 4 可以看出，工程类水土保持措施减沙效益明显：1956~1959 年、1960~1969 年、1970~1979 年、1980~1989 年、1990~2000 年对应时段分别减沙 0.23 亿 t、0.32 亿 t、0.28 亿 t、0.16 亿 t、0.12 亿 t，其中，1956~1979 年平均减沙效益为 0.29 亿 t，而在 1980~2000 年为 0.14 亿 t，总体上年均减沙效益为 0.22 亿 t。

从图 7-3 可以看出，1956~1959 年、1960~1969 年和 1970~1979 年三个年代间的流域产沙量变化趋势与降雨变化相同。而 1980~1989 年开始，水土保持措施等人类活动开始对流域减沙产生显著的正面影响。其中，情景 4 的减沙速率明显较大，与情景 2 对比发现，自 1980 年以来的非工程水土保持措施对流域减沙的贡献较大。

从图 7-4 可以看出，单位径流输沙量中以情景 4 最大，而情景 3 最小。其中，情景 3 在 1956~1959 年、1960~1969 年、1970~1979 年三个年代的单位径流输沙量显著低于其他情景，说明 1980 年以来的水土保持措施使人类活动显著改变了泾河流域的水沙关系，使流域加速侵蚀的状况得到一定程度的缓解。

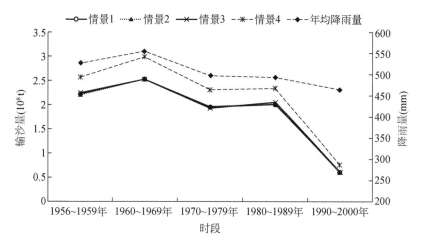

图 7-3　泾河流域降雨-输沙量年代变化

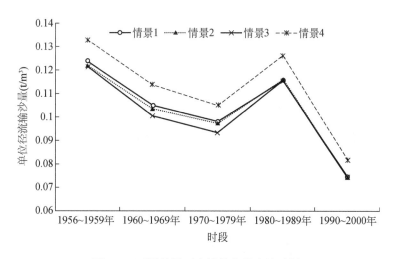

图 7-4　不同情景下流域单位径流输沙量

7.4　本章小结

本章利用"黄河流域水资源演变规律与二元演化模型"课题研究数据对泾河流域不同时期的水沙变化关系进行了情景设置分析。利用模型分析，再现了自 1980 年以来我国开展大规模水土保持的客观实际。分析表明：①2000 年下垫面情景与 1985 年下垫面情景比较表明，1956～2000 年降雨等情况下，人类活动使流域加速侵蚀的状况得到一定程度的缓解，但未彻底扭转，需要进一步加大水土保持治理力度，从根本上扭转人类活动造成流域加速侵蚀的状况；②2000 年水平梯田、坝地等水土保持工程状况在 1956～2000 年降雨等自然情景下的多年平均减水效益和减沙效益分别为 1.0 亿 m^3、0.22 亿 t。

同时，由于本研究的主要目的是建立分布式水沙耦合模型框架，还没有进一步实现"自然–人工"二元"真实"情景下的模拟。还需要在目前模型的基础上，充分发挥 WEP-L 模型具有的完备的二元"真实"环境的模拟能力的特点，实现包含取水、用水等真实情景下的流域水沙过程模拟能力，从而进一步揭示人类活动对流域水沙过程的影响，为流域水土保持、水土资源配置等提供理论指导。

第8章 ｜ 总结与展望

在不同地貌尺度水沙过程研究的基础上，综合应用实验研究、资料分析、文献调研等方法以 WEP-L 模型为平台建立了具有较完备水沙过程机理的流域土壤侵蚀和泥沙运动分布式模拟模型，初步解决了计算单元亚尺度典型侵蚀地形构建、低分辨率 DEM 提取的计算单元坡度向高分辨 DEM 坡度构成转换等关键问题，完成了研究区域水沙过程机理分析，不同子模型的建立和集成，以及模型的率定、应用和结果分析等研究成果，实现了相应的学术创新。但总的来说，模型仍然是初步建立，还需要进一步验证和应用，并补充和完善部分子模型。

8.1 主 要 结 论

以黄土区流域水沙过程为研究对象，选取泾河流域及其子流域为研究区域，研究内容包括坡面–流域尺度上主要影响因子分析、坡面股流及重力侵蚀机理研究，建立了包含雨滴溅蚀、薄层水流侵蚀、股流侵蚀和重力侵蚀的坡面水沙过程模拟和河（沟）道不平衡输沙模拟的流域内泥沙产生、输移与沉积全过程模拟模型，并在泾河流域进行了初步应用。成果包括以下方面。

8.1.1 理论研究

（1）流域水沙过程尺度效应研究

针对坡面水沙过程，利用文献调研的方法，系统总结不同侵蚀地貌发生的地形与水动力学临界条件。在较小的空间尺度上，侵蚀过程主要受水流剥蚀能力的控制，随着尺度的增大逐渐转变为受水流输移能力的控制，而水流的输移能力特性也随着水流能量的变化而发生非线性转变是形成坡面水沙过程复杂尺度效应的原因。在这个过程中典型侵蚀地貌的空间分布密度则是形成复杂尺度效应的主要因素之一；坡面重力侵蚀在较小空间尺度上的发生频率相对频繁，随着空间尺度的增大，其发生的影响因素逐渐复杂，侵蚀发生过程逐渐变得不确定。在较小的尺度上，重力侵蚀输移比可以达到1，而较大尺度的重力侵蚀输移比则远小于1。输移比的这种尺度效应主要与重力侵蚀发生后一定时段内汇流路径上的水流挟沙能力有关。

同时，利用泾河流域不同控制面积的水文站资料分析河道水沙过程中径流泥沙的尺度变化规律发现，泾河流域内不同空间尺度的径流累积增长系数与流域面积呈极显著的线性关系（$R^2 = 0.997$），存在明显的空间尺度效应，而单位面积累积增长系数与流域空间大小的关系则不明显。并以此为基础分析发现，由于黄土的易蚀性、黄土高原的高含沙水流特性及黄土区气候特点，上游来水量成为流域输沙率变化的主要影响。

因此，黄土区流域水沙过程表现为：在小尺度条件下水流侵蚀输沙主要受水流侵蚀能力的影响；随着尺度逐渐增大，水流侵蚀输沙主要受水流挟沙能力的影响；尺度进一步增大后流域输沙率主要影响因素逐渐弱化为上游来水量。

（2）股流侵蚀挟沙能力分析研究

浅沟是黄土区典型的股流侵蚀类型，利用试验资料对浅沟侵蚀过程中水流含沙量与代表性的水动力参数之间的关系进行研究发现，单位水流功率能够较好地反映股流侵蚀水流挟沙能力变化过程，并通过理论分析得出黄土区股流侵蚀过程中挟沙能力计算公式：

$$T_{SE} = k\left(\omega_u + m\right)^{\alpha} \tag{8-1}$$

式中，k 为浅沟水流挟沙能力系数，可取为 1545；m 为侧向汇流影响常数，可取为 0.1142；α 为挟沙水流单位水流功率指数，可取为 1；ω_u 为单位水流功率。

（3）自然条件下黄土抗剪强度变化规律研究

重力侵蚀是黄土区重要的侵蚀类型，通过物理图景概化发现，黄土抗剪强度是影响重力侵蚀的重要内在因子。通过南小河沟流域的自然条件下土壤抗剪强度原位试验分析发现，天然黄土抗剪强度主要与土壤容重、土壤含水量相关，而与土壤根系分布密度、单位土壤根系长度的关系不显著。在此基础上，通过对前人研究的总结确定了天然 Q_3 黄土临界抗剪强度变化公式：

$$\tau_c = c + 915\ 414\gamma_s^{10.95}\left[0.3019\left(1 - \frac{\gamma_s}{2.65}\right) - W_g\right]^{2.3} \tag{8-2}$$

式中，γ_s 为土壤容重；W_g 为土壤重量含水量；c 为土壤原始凝聚力。

（4）构建了基于物理概念的分布式水沙耦合模型

在坡面股流侵蚀和重力侵蚀机理研究的基础上，提出黄土区典型坡面水沙过程模拟解决方案，并以 WEP-L 模型为平台，将流域概化为坡面和河（沟）道两大地貌单元，构建了坡面侵蚀机制相对完善的坡面水沙过程模拟模型，并结合一维恒定水流泥沙扩散方程实现了对河道的非平衡输沙过程的模拟，从而建立了流域侵蚀输沙过程机理相对完备的分布式水沙耦合模型。并以南小河沟流域的野外水保观测小区和杨家沟、董庄沟小流域观测资料为基础，对模型的参数体系进行率定。然后，将模型在南小河沟流域和泾河流域上进行验证，率定的结果表明，模型的月径流 Nash-Sutcliffe 效率系数大于 0.45，相关系数大于 0.59，相对误差小于 23%，模型具有较高的稳定性和较好的模拟精度。并对模型在不同尺度流域的参数特点进行比较和分析，为模型的进一步应用奠定基础。

（5）利用模型水沙过程模拟数据对小流域水沙过程进行了分析和研究

南小河沟流域内的杨家沟和董庄沟小流域地貌属于典型的高塬沟壑区地貌。利用构建的分布式水沙耦合模型，以 30m 分辨率 DEM 为数据平台，对南小河沟流域的杨家沟和董庄沟小流域不同空间位置的水沙过程进行模拟和分析发现，2007～2010 年杨家沟小流域薄层水流侵蚀量、股流侵蚀量和重力侵蚀量占坡面总侵蚀量的比例分别为 41.39%、40.11% 和 18.50%，相应的董庄沟小流域则分别为 22.88%、45.25% 和 31.87%。杨家沟和董庄沟的流域泥沙输移比分别为 0.73 和 0.93。水沙过程均具有不平衡输沙特点，为利用模型研究指导小流域水土保持与科学配置生态治理措施，最大限度地发挥水土保持工程效益等提供了借鉴。

8.1.2 应用研究

（1）实现了基于亚计算单元的黄土区不同水蚀地貌类型空间分布模拟

坡面细沟、浅沟和切沟的空间分布是导致坡面侵蚀输沙过程非线性变化、形成复杂尺度效应的重要原因。在总结前人研究的基础上，结合 WEP-L 模型的子流域套等高带结构，以及低分辨率 DEM 提取的等高带坡度转换技术，实现了黄土区细沟、浅沟、切沟的空间分布模拟，为建立物理机制较为全面的分布式水沙耦合模型奠定了基础。

（2）分布式水沙耦合模型的相关尺度问题分析

通过模型在不同尺度流域上的率定和验证，较为系统地研究了模型应用过程中相关的尺度问题。首先，模型的子流域套等高带结构对土地利用、土壤等下垫面输入数据的影响较小；其次，随着 DEM 分辨率的降低，模型提取的子流域套等高带结构也不断粗化，特别是提取的等高带坡度不断降低，严重影响基于坡面典型侵蚀地貌空间分布的水沙过程模拟；最后，通过不同尺度流域分布式水沙耦合模型的率定和应用，对比分析了模型参数的尺度变化特点。

（3）子流域套等高带结构数字构建的坡度转换方法

利用分形理论结合半方差函数的形式实现低分辨率 DEM 数据提取的坡度区域构成向高分辨率 DEM 数据提取的坡度区域构成转化，解决了子流域套等高带结构的利用低分辨率 DEM 数据提取的计算单元坡度严重失真，而利用高分辨率 DEM 数据进行大流域水沙过程模拟计算耗时过长的矛盾。

（4）人类活动对泾河流域水沙过程影响的模拟分析

利用构建的分布式水沙耦合模型，通过情景设置对泾河流域人类活动影响下的流域水沙过程演变进行初步的模拟和分析，发现：①2000年下垫面情景与1985年下垫面情景比较表明，1956～2000年降水等情况下，人类活动使流域加速侵蚀的状况得到一定程度的缓解，但未彻底扭转，需要进一步加大水土保持治理力度，从根本上扭转人类活动造成流域加速侵蚀的状况；②2000年水平梯田、坝地等水土保持工程状况在1956～2000年降水等自然情景下的多年平均减水效益和减沙效益分别为1.0亿 m³、0.22亿 t。

8.1.3　主要创新点

（1）通过对坡面股流侵蚀挟沙能力和土壤抗剪强度随含水量变化规律的实验研究，完善了坡面水沙过程机理研究

黄土区坡面形态多变，水蚀过程机理复杂，坡面水沙过程侵蚀机理还不完善。本研究利用室内浅沟物理概化模型对试验资料的分析，给出了适用于股流侵蚀水流挟沙力的公式形式。土壤抗剪强度是重力侵蚀重要的内在影响因子，利用野外原位试验对土壤抗剪强度的主要影响因素进行分析，并通过改进前人研究成果给出了土壤抗剪强度随土壤容重和土壤含水量变化的计算公式。

（2）基于坡面水沙过程尺度分析，建立了机理相对完备的坡面侵蚀过程模型

通过对坡面水沙过程研究成果的系统整理发现，坡面水沙过程存在复杂尺度效应的原因是水流侵蚀输沙特性的非线性转变，这种非线性转变以不同空间尺度的典型侵蚀地貌演变为基础，以水流侵蚀输沙特性转变为体现方式。在此基础上，通过对坡面典型地貌结构的概化，利用"典型侵蚀形态"概念实现了坡面细沟、浅沟、切沟分布密度的模拟方法，从而实现了不同尺度水流的侵蚀输沙规律的非线性特性模拟，建立了机理相对完备的坡面侵蚀过程模型，为解决坡面水沙过程的尺度问题提供了模型基础。

（3）建立了流域分布式水沙耦合模型，并较为系统地研究和解决了模型在不同尺度的应用问题

以 WEP-L 模型为基础，通过亚尺度计算的方式，将坡面水沙过程模拟模型融入子流域套等高带结构，并利用一维恒定水流泥沙扩散方程对河道的非平衡输沙过程进行模拟，从而构建了物理机制相对完备的流域分布式水沙耦合模型。并较为系统地解决了模型的应用问题：首先，利用小流域水沙过程监测数据等资料率定了模型的参数体系；其次，给出了大流域模拟时低分辨率 DEM 提取的计算单元坡度失真的转换方法，初步解决了模型利用低分辨率 DEM 数据提取的计算单元坡度严重失真，而利用高分辨率 DEM 数据进行大流域水沙过程模拟计算耗时过长的矛盾；再次，通过模型在不同尺度流域上的率定和应用，初步分析了模型应用的相关尺度问题；最后，应用模型对大尺度流域人类活动影响下的水沙过程演变进行了模拟和初步分析。

8.2 研究展望

研究虽然在流域泥沙尺度效应探索、分布式水沙耦合模型建立和应用中取得了一定的成果，但由于流域泥沙过程机理复杂，非线性特点突出，还存在着诸多缺陷和不足。为了深入流域水沙过程尺度效应的研究，推进分布式水沙耦合模型的发展，还需要在目前研究的基础上从基础科学研究和应用研究等多个方面进行深入探索。

8.2.1 基础研究

1）黄土区的主要地貌类型包括丘陵沟壑区、高塬沟壑区、土石山区等诸多地貌类型，从目前研究来看，虽然其侵蚀机理基本相同但不同地貌类型之间的具体参数选取存在着较大差异，本研究中模型泥沙过程参数主要基于典型高塬沟壑区的杨家沟和董庄沟小流域逐日水沙过程监测数据进行率定，虽然通过参数调整在泾河流域的模拟和应用中的具有较好的精度，但还需要针对不同区域特点展开多尺度的水沙过程观测和实验研究，以进一步完善模型参数体系。

2）以侵蚀动力学为主线，开展不同侵蚀动力条件下的侵蚀机理研究，揭示坡面不同侵蚀类型和泥沙输移的水动力学机理及其尺度变化规律，为数值模拟研究及分布式过程模拟等奠定基础，结合多尺度试验等手段，进一步探索流域泥沙过程尺度变化规律。

3）完善和提高模型对河道泥沙过程、水库泥沙过程模拟能力，建立淤地坝泥沙过程和河岸（沟坡）重力侵蚀模拟机制，增加植被空间格局对坡面水沙过程影响机制，提高模型对"真实"环境下的流域泥沙模拟能力。

4）开展降水、植被等上游模型与水沙耦合模型之间的紧密耦合研究，降低模型的不确定性，提高模型的模拟精度和效率。

5）开展水蚀过程中的下垫面演变研究。DEM 是模型进行分布式模拟的基础，目前的分布式水文模型均是基于固定的 DEM 进行流域水文泥沙过程模拟。然而，黄土区侵蚀强烈区域地形演变较为活跃，特别是进行年代际以上时段的研究时，侵蚀强烈地区的地形演化较为迅速，这就形成了较长时间段内固定的

DEM 概化地形参数与变化的下垫面之间的矛盾。因此，需要深入探索模型对下垫面地形地貌演变等方面的模拟和修正能力，提高模型的模拟精度，同时使模型具有较长时段条件下地形变化模拟能力。

8.2.2 应用研究

(1) "二元"真实背景下的水沙过程模拟研究

当代条件下，人类活动对自然水循环及其伴生过程扰动的增强，流域水沙过程呈现出的更加复杂的变化态势，使得目前的水沙过程实际上呈现"自然-人工"二元化的流域水沙过程。与此同时，随着生态环境建设越来越受到全社会的重视，人们对流域水沙过程研究与实践的需求也不断上升。而 WEP-L 模型平台具有强大的"二元"水循环模拟能力，通过取用水等过程的耦合即可实现"二元"情景下的水沙过程模拟与分析。因此，需要在当前模型的基础上进行深化和完善，使模型具有二元"真实"情景的模拟能力。

(2) 流域生态治理与水土资源管理精细化管理决策支撑研究

随着我国经济社会的发展，以及全社会对流域生态治理的重视，流域水土保持与生态治理、流域水土资源管理的投入虽然逐年增加，但与实际需求之间仍然存在较大的差距。这就需要对流域水沙过程及其分布特点进行科学研究，根据生态治理目标和水土资源管理需求对治理措施和管理手段进行科学配置。因此需要利用模型的分布式模拟能力，积极开展流域泥沙的合理配置研究，以及相关的合理配置条件下的水沙关系研究。

(3) 积极开展模型的适应性研究，探索和拓展模型对其他类型水蚀区的适应性研究

我国是世界上水土流失最严重的国家之一，水土流失面积为 356 万 km^2，占国土面积的 37%。水土流失类型区较多，不同类型区之间的流域水沙过程规律不尽相同，需要开展模型在不同类型的适应性研究，使模型更好地发挥水土保持与生态治理的基础支撑作用。

参 考 文 献

白玉洁,张风宝,杨明义,等.2018.急陡黄土坡面薄层水流水力学参数变化特征[J].土壤学报,
　55(3):641-649.

蔡强国.1995.小流域侵蚀产流过程模型//中国水利学会泥沙专业委员会.第二届全国泥沙基本
　理论研究学术讨论会论文集[C].北京:中国建材工业出版社.

蔡强国.1998.坡面细沟发生临界条件研究[J].泥沙研究,(1):54-61.

蔡强国,陆兆熊,王贵平.1996.黄土丘陵沟壑区典型小流域侵蚀产沙过程模型[J].地理学报,
　51(2):108-117.

蔡强国,袁再健,程琴娟,等.2006.分布式侵蚀产沙模型研究进展[J].地理科学进展,25(3):
　48-54.

曹文洪,祁伟,郭庆超,等.2003.小流域产汇流分布式模型[J].水利学报,(9):48-54.

曹银真.1981.黄土地区重力侵蚀的机理及预报[J].水土保持通报,(4):19-23.

陈国祥,姚文艺.1996.降雨对浅层水流阻力的影响[J].水科学进展,(01):42-46.

陈力,刘青泉,李家春.2005.坡面细沟侵蚀的冲刷试验研究[J].水动力学研究与进展(A辑),
　20(6):761-766.

陈永宗.1983.黄土高原沟道流域产沙过程的初步分析[J].地理研究,2(1):35-47.

承继成.1963.坡地流水作用的分带性//中国地理学会地貌专业委员会.中国地理学会1963年
　年会论文集[C].北京:科学出版社.

程宏,伍永秋.2003.切沟侵蚀定量研究进展[J].水土保持学报,17(5):32-35.

程琴娟,蔡强国,李家永.2005.表土结皮发育过程及其侵蚀响应研究进展[J].地理科学进展,
　24(4):114-122.

崔灵周.2002.流域降雨侵蚀产沙与地貌形态特征耦合关系研究[D].杨凌:西北农林科技大学博
　士学位论文.

邓仕虎,杨勤科.2010.DEM采样间隔对地形描述精度的影响研究[J].地理与地理信息科学,
　26(2):23-26.

丁晶,王文圣.2004.水文相似和尺度分析[J].水电能源科学,33(1):1-4.

丁文峰,李占斌,崔灵周.2001.黄土坡面径流冲刷侵蚀试验研究[J].水土保持学报,15(2):
　99-101.

范荣生,李占斌.1993.坡地降雨溅蚀及输沙模型[J].水利学报,(6):24-29.

方海燕,蔡强国,陈浩,等.2007.黄土丘陵沟壑区岔巴沟下游泥沙传输时间尺度动态研究[J].地
　理科学进展,26(5):77-87.

费祥俊,邵学军.2004.泥沙源区沟道输沙能力的计算方法[J].泥沙研究,(1):1-8.

费祥俊,舒安平.1998.多沙河流水流输沙能力的研究[J].水利学报,(11):39-44.

符素华,张卫国,刘宝元,等.2001.北京山区小流域土壤侵蚀模型[J].水土保持研究,8(4): 114-120.

付炜.1996.土壤重力侵蚀灰色系统模型研究[J].土壤侵蚀与水土保持学报,2(4):9-17.

甘枝茂.1980.陕北黄土高原的土壤侵蚀类型[J].陕西师范大学学报(自然科学版),(Z1): 330-340.

高鹏.2010.黄河中游水沙变化及其对人类活动的响应[D].杨凌:中国科学院研究生院(教育部水土保持与生态环境研究中心)博士学位论文.

高橾琢马,椎叶充晴,市川温.1995.使用结构型模拟系统进行径流模拟[J].日本土木学会水工学论文集,39:141-146.

龚家国,王文龙,郭军权.2008.黄土丘陵沟壑区浅沟水流水动力学参数实验研究[J].中国水土保持科学,6(1):93-100.

龚家国,周祖昊,贾仰文,等.2009.黄土丘陵沟壑区浅沟侵蚀野外放水冲刷实验研究[C].大连:中国水利学会水资源专业委员会2009年年会暨学术研讨会.

郭庆超.2006.天然河道水流挟沙能力研究[J].泥沙研究,(5):45-51.

韩冰,吴钦孝,刘向东,等.1994.山杨林地枯落物层对溅蚀的影响[J].植物资源与环境,3(4): 5-9.

韩建刚,李占斌.2006.紫色土区小流域泥沙输出过程对雨型和空间尺度的响应[J].水利学报, (1):58-62.

韩鹏,倪晋仁,李天宏.2002.细沟发育过程中的溯源侵蚀与沟壁崩塌[J].应用基础与工程科学学报,10(2):115-125.

韩鹏,倪晋仁,王兴奎.2003.黄土坡面细沟发育过程中的重力侵蚀实验研究[J].水利学报,(1): 51-56,61.

韩其为.1979.非均匀悬移质不平衡输沙的研究[J].科学通报,(17):804-808.

韩其为.2006.扩散方程边界条件及恢复饱和系数[J].长沙理工大学学报(自然科学版),3(3): 7-19.

韩其为,陈绪坚.2008.恢复饱和系数的理论计算方法[J].泥沙研究,(6):8-16.

韩其为,何明民.1997.恢复饱和系数初步研究[J].泥沙研究,(3):32-40.

何小武,张光辉,刘宝元.2003.坡面薄层水流的土壤分离实验研究[J].农业工程学报,19(6): 52-55.

胡鹏,崔小红,周祖昊,等.2010.流域水文模型中河道断面概化的原理和方法[J].水文,30(5): 38-41,79.

胡霞,严平,李顺江,等.2005.人工降雨条件下土壤结皮的形成以及与土壤溅蚀的关系[J].水土保持学报,19(2):13-16.

黄才安,杨志达.2003.泥沙输移与水流强度指标[J].水利学报,(6):1-7.

黄玲,黄金良.2012.基于地表校正和河道烧录方法的河网提取[J].地球信息科学学报,14(2): 171-178.

黄润秋.2007.20世纪以来中国的大型滑坡及其发生机制[J].岩石力学与工程学报,26(3):

433-454.

黄阳,黄梅,王智华.2011.地质勘查阶段水文地质参数的确定[J].陕西煤炭,30(1):38-40,75.

贾仰文,王浩.2006."黄河流域水资源演变规律与二元演化模型"研究成果简介[J].水利水电技术,37(2):45-52.

贾仰文,王浩,倪广恒,等.2005.分布式流域水文模型原理与实践[M].北京:中国水利水电出版社.

贾仰文,王浩,严登华.2006a.黑河流域水循环系统的分布式模拟(I)——模型开发与验证[J].水利学报,37(5):534-542.

贾仰文,王浩,严登华.2006b.黑河流域水循环系统的分布式模拟(Ⅱ)——模型应用[J].水利学报,37(6):655-661.

贾仰文,王浩,周祖昊,等.2010.海河流域二元水循环模型开发及其应用——Ⅰ.模型开发与验证[J].水科学进展,21(1):1-8.

江忠善,宋文经,李秀英.1983.黄土地区天然降雨雨滴特性研究[J].中国水土保持,(3):34-38.

江忠善,王志强,刘志.1996.黄土丘陵区小流域土壤侵蚀空间变化定量研究[J].土壤侵蚀与水土保持学报,(1):1-9.

姜永清,王占礼,胡光荣,等.1999.瓦背状浅沟分布特征分析[J].水土保持研究,6(2):182-185.

焦恩泽,陈士丹.1989.巴家嘴水库排沙问题的初步分析[J].人民黄河,(2):27-32.

金鑫.2007.黄河中游分布式水沙耦合模型研究[D].南京:河海大学博士学位论文.

金鑫,郝振纯,张金良,等.2006.黄河中游分布式水沙耦合模型研究[J].水利水电技术,37(12):11-15.

靳长兴.1995.论坡面侵蚀的临界坡度[J].地理学报,50(3):234-239.

景可.1986.黄土高原沟谷侵蚀研究[J].地理科学,6(4):340-347.

景可,陈永宗.1983.黄土高原侵蚀环境与侵蚀速率的初步研究[J].地理研究,2(2):1-11.

敬向锋,吕宏兴,潘成忠,等.2007.坡面薄层水流流态判定方法的初步探讨[J].农业工程学报,23(5):56-61.

孔繁洲.2006.巴家嘴水库泥沙淤积的特点、原因及减淤对策[J].水利建设与管理,26(4):52-53.

雷阿林,唐克丽.1995.土壤侵蚀模型试验中的降雨相似及其实现[J].科学通报,40(21):2004-2006.

雷阿林,唐克丽.1998.黄土坡面细沟侵蚀的动力条件[J].土壤侵蚀与水土保持学报,4(3):40-44,73.

雷晓辉,王海潮,田雨,等.2009.南水北调中线受水区分布式水文模型子流域划分研究[J].南水北调与水利科技,7(3):10-13.

雷晓辉,田雨,白薇,等.2011.基于DEM的子流域划分方法改进与应用[J].人民黄河,33(2):32-33.

李斌兵,郑粉莉,张鹏.2008.黄土高原丘陵沟壑区小流域浅沟和切沟侵蚀区的界定[J].水土保持通报,28(5):16-20.

李侃禹,曹志先,谈广鸣.2012.可冲刷坡面滚波影响因素的数值模拟研究[J].应用基础与工程科学学报,20(6):987-993.

李丽.2007.分布式水文模型的汇流演算研究[D].南京:河海大学博士学位论文.

李鹏,李占斌,郑良勇.2005.黄土陡坡径流侵蚀产沙特性室内实验研究[J].农业工程学报,21(7):42-45.

李强,李占斌,尤洋,等.2007.植被格局对坡面产流产沙影响的试验研究[J].水资源与水工程学报,18(5):31-34.

李铁建,王光谦,刘家宏.2006.数字流域模型的河网编码方法[J].水科学进展,17(5):658-664.

李铁键.2008.流域泥沙动力学机理与过程模拟[D].北京:清华大学博士学位论文.

李铁键,王光谦,薛海,等.2009.黄土沟壑区产输沙特征的空间尺度效应研究[J].中国科学(E辑:技术科学),39(6):1095-1103.

李向阳,程春田,林剑艺.2006.基于BP神经网络的贝叶斯概率水文预报模型[J].水利学报,37(3):354-359.

李秀霞,李天宏.2011.黄河流域泥沙输移比与流域尺度的关系研究[J].泥沙研究,(2):33-37.

李占斌,鲁克新,丁文峰.2002.黄土坡面土壤侵蚀动力过程试验研究[J].水土保持学报,16(2):5-7,49.

刘宝元.1988.黄土高原坡面沟蚀的类型及其发生发展规律[D].杨凌:中国科学院水利部西北水土保持研究所.

刘宝元,朱显谟,周佩华,等.1988.黄土高原土壤侵蚀垂直分带性研究[J].水土保持研究,(1):5-8.

刘秉正,吴发启.1997.土壤侵蚀[M].西安:陕西人民出版社.

刘卉芳,曹文洪,张晓明,等.2010.黄土区小流域水沙对降雨及土地利用变化响应研究[J].干旱地区农业研究,28(2):237-242.

刘纪根,蔡强国,樊良新,等.2004.流域侵蚀产沙模拟研究中的尺度转换方法[J].泥沙研究,(3):69-74.

刘纪根,蔡强国,刘前进,等.2005.流域侵蚀产沙过程随尺度变化规律研究[J].泥沙研究,(4):7-13.

刘家宏.2005.黄河数字流域模型[D].北京:清华大学博士学位论文.

刘新仁.1999.大尺度水文模拟若干问题的探讨//赵柏林,丁一汇.淮河流域能量与水分循环研究[C].北京:气象出版社.

柳玉梅,张光辉,李丽娟,等.2009.坡面流水动力学参数对土壤分离能力的定量影响[J].农业工程学报,25(6):96-99.

卢金发,黄秀华.2003.土地覆被对黄河中游流域泥沙产生的影响[J].地理研究,22(5):571-578.

卢敏,张展羽,冯宝平.2005.支持向量机在径流预报中的应用探讨[J].人民长江,36(8):38-39,47.

吕宏兴,裴国霞,杨玲霞.2002.水力学[M].北京:中国农业出版社.

吕允刚,杨永辉,樊静,等.2008.从幼儿到成年的流域水文模型及典型模型比较[J].中国农业生态学报,16(5):1331-1337.

罗翔宇,贾仰文,王建华,等.2003.包含拓扑信息的流域编码方法及其应用[J].水科学进展,

14(增刊):89-93.

罗翔宇,贾仰文,王建华,等.2006.基于 DEM 与实测河网的流域编码方法[J].水科学进展,(2):
259-264.

马波,吴发启,马璠.2010.谷子冠层下的土壤溅蚀速率特征[J].干旱地区农业研究,28(1):
130-135.

马建华,李小改.2008.黄河主要断面泥沙时序可预报时间及趋势分析[J].泥沙研究,2(1):
41-45.

潘成忠,上官周平.2009.降雨和坡度对坡面流水动力学参数的影响[J].应用基础与工程科学学
报,17(6):843-851.

祁伟,曹文洪,郭庆超,等.2004.小流域侵蚀产沙分布式数学模型的研究[J].中国水土保持科
学,2(1):16-22.

钱宁,万兆惠.1983.泥沙运动力学[M].北京:科学出版社.

秦伟,朱清科,赵磊磊,等.2010.基于 RS 和 GIS 的黄土丘陵沟壑区浅沟侵蚀地形特征研究[J].
农业工程学报,26(6):58-64,385.

芮孝芳.2004.水文学原理[M].北京:中国水利水电出版社.

沙际德,蒋允静.1995.试论初生态侵蚀性坡面薄层水流的基本动力特性[J].水土保持学报,
(4):29-35.

邵学军,王远航,胡慧武.2004.坡面细沟流侵蚀临界条件研究[J].水土保持学报,18(2):1-4.

舒安平.2009.水流挟沙能力公式的转化与统一[J].水利学报,40(1):19-26,32.

舒安平,费祥俊.2008.高含沙水流挟沙能力[J].中国科学(G 辑:物理学 力学 天文学),38(6):
653-667.

汤国安,赵牡丹,李天文,等.2003.DEM 提取黄土高原地面坡度的不确定性[J].地理学报,
58(6):824-830.

汤立群.1995.坡面降雨溅蚀及其模拟[J].水科学进展,6(4):304-310.

汤立群,陈国祥.1994.坡面土壤侵蚀公式的建立及其在流域产沙计算中的应用[J].水科学进
展,5(2):104-110.

汤立群,陈国祥.1997.小流域产流产沙动力学模型[J].水动力学研究与进展(A 辑),12(2):
164-174.

唐克丽.1991.黄土高原地区土壤侵蚀区域特征及其治理途径[M].北京:中国科学技术出版社.

唐克丽,张科利,雷阿林.1998.黄土丘陵区退耕上限坡度的研究论证[J].科学通报,43(2):
200-203.

王德甫,赵学英,马浩禄,等.1993.黄土重力侵蚀及其遥感调查[J].中国水土保持,(12):29-32.

王飞,李锐,杨勤科.2003.黄土高原土壤侵蚀的人为影响程度研究综述[J].泥沙研究,(5):
74-80.

王光谦.2007.河流泥沙研究进展[J].泥沙研究,(2):64-81.

王光谦,薛海,李铁键.2005.黄土高原沟坡重力侵蚀的理论模型[J].应用基础与工程科学学报,
13(4):335-344.

王光谦,李铁键,贺莉,等.2008.黄土丘陵沟壑区沟道的水沙运动模拟[J].泥沙研究,(3):

19-25.

王浩,贾仰文,王建华,等.2010.黄河流域水资源及其演变规律研究[M].北京:科学出版社.

王皓,李铁键,高洁,等.2009.大尺度流域河网二叉树编码方法[J].河海大学学报(自然科学版),37(5):499-504.

王宏,蔡强国,朱远达.2003.应用 EUROSEM 模型对三峡库区陡坡地水力侵蚀的模拟研究[J].地理研究,22(5):579-589.

王加虎,郝振纯,李丽.2005.基于 DEM 和主干河网信息提取数字水系研究[J].河海大学学报(自然科学版),33(2):119-122.

王军,倪晋仁,杨小毛.1999.重力地貌过程研究的理论与方法[J].应用基础与工程科学学报,7(3):240-251.

王蕾,田富强,胡和平.2010.基于不规则三角形网格和有限体积法的物理性流域水文模型[J].水科学进展,21(6):733-741.

王文龙,雷阿林,李占斌,等.2003a.黄土丘陵区坡面薄层水流侵蚀动力机制实验研究[J].水利学报,(9):66-70.

王文龙,雷阿林,李占斌,等.2003b.土壤侵蚀链内细沟浅沟切沟流动力机制研究[J].水科学进展,14(4):371-375.

王文龙,莫翼翔,雷阿林,等.2003c.黄土区土壤侵蚀链各垂直带水沙流时空分布特征研究[J].水动力学研究与进展(A辑),18(5):540-546.

王文龙,王兆印,雷阿林,等.2007.黄土丘陵区坡沟系统不同侵蚀方式的水力特性初步研究[J].中国水土保持科学,5(2):11-17.

王文圣,丁晶,向红莲.2002.小波分析在水文学中的应用研究及展望[J].水科学进展,13(4):515-520.

王喜峰,周祖昊,贾仰文,等.2010.几何插值法在大尺度长系列降雨插值中的比较和改进[J].水电能源科学,28(12):1-3.

王协康,方铎.1997.物理基础的坡面雨滴溅蚀模型[J].四川联合大学学报(工程科学版),1(3):91-103.

王新宏,曹如轩,沈晋.2003.非均匀悬移质恢复饱和系数的探讨[J].水利学报,(3):120-124,128.

王兴奎,钱宁,胡维德.1982.黄土丘陵沟壑区高含沙水流的形成及汇流过程[J].水利学报,(7):26-35.

王岩,刘若琼.2005.论董志塬地下水资源及其可持续利用[J].水资源保护,21(1):64-66.

魏玉涛,李中和.2010.董志塬黄土潜水资源量现状调查[J].地下水,32(3):39-41,138.

吴长文,王礼先.1995.林地坡面的水动力学特性及其阻延地表径流的研究[J].水土保持学报,9(2):32-38.

吴普特.1997.动力水蚀实验研究[M].西安:陕西科学技术出版社.

吴普特,周佩华.1991.地表坡度对雨滴溅蚀的影响[J].水土保持通报,11(3):8-13,28.

吴普特,周佩华.1992.坡面薄层水流流动型态与侵蚀搬运方式的研究[J].水土保持学报,6(1):19-24,39.

吴普特,周佩华.1993.地表坡度与薄层水流侵蚀关系的研究[J].水土保持通报,13(3):1-5.

吴普特,周佩华.1996.黄土坡面薄层水流侵蚀实验研究[J].土壤侵蚀与水土保持学报,(1):
　40-45.

吴普特,周佩华,武春龙,等.1997.坡面细沟侵蚀垂直分布特征研究[J].水土保持研究,4(2):
　47-56.

武敏.2005.坡面汇流汇沙与浅沟侵蚀过程研究[D].杨凌:西北农林科技大学硕士学位论文.

武敏,郑粉莉,黄斌.2004.黄土坡面汇流汇沙对浅沟侵蚀影响的试验研究[J].水土保持研究,
　11(4):74-76,90.

夏军,乔云峰,宋献方,等.2007.岔巴沟流域不同下垫面对降雨径流关系影响规律分析[J].资源
　科学,29(1):70-76.

小尻利治,东海明宏,木内阳一.1998.使用模拟模型进行流域环境评价的次序[J].日本京都大
　学防灾研究所年报,41(B2):119-134.

谢云,章文波,刘宝元.2001.用日雨量和雨强计算降雨侵蚀力[J].水土保持通报,21(6):53-56.

幸定武,高建恩,梁改革.2009.WEPP 在黄土高原小流域径流调控中的应用研究[J].人民黄河,
　31(9):70-71.

许炯心.1994.我国流域侵蚀产沙的地带性特征[J].科学通报,39(11):1019-1022.

许炯心.2000.黄土高原生态环境建设的若干问题与研究需求[J].水土保持研究,7(2):10-
　13,79.

薛海.2006.基于数字流域的产沙模型研究[D].北京:清华大学博士学位论文.

薛海,孔纯胜,熊秋晓,等.2008.坡面沟蚀及其分形特性试验研究[J].人民黄河,30(12):90-
　92,121.

闫云霞,许炯心,廖建华,等.2007.黄土高原多沙粗沙区高含沙水流发生频率的时间变化[J].泥
　沙研究,(4):27-33.

杨春霞,吴卿,杨剑锋,等.2003.人工模拟坡面产流试验研究[J].中国水土保持,(6):27-28,47.

杨具瑞,曹叔尤,刘兴年,等.2004.黄土坡面细沟侵蚀稳定宽度的动力学研究[J].昆明理工大学
　学报(理工版),29(4):159-163,167.

杨庆娥,丁光彬,杨正瓴,等.2007.一种改进的混沌水文时间序列预报方法[J].人民黄河,(7):
　20-21.

杨志峰,李春晖.2004.黄河流域上游降水时空结构特征[J].地理科学进展,23(2):27-33.

杨志勇.2007.基于概率描述的宏观尺度空间均化流域水文模型研究[D].北京:清华大学博士学
　位论文.

姚文艺.1996.坡面阻力规律试验研究[J].泥沙研究,3(1):74-82.

叶爱中,夏军,王纲胜,等.2005.基于数字高程模型的河网提取及子流域生成[J].水利学报,
　36(5):531-537.

殷兆熊.1981.巴家嘴水库滩面河槽演变的分析[J].人民黄河,(3):19-24.

游珍,李占斌,蒋庆丰.2005.坡面植被分布对降雨侵蚀的影响研究[J].泥沙研究,(6):42-45.

余新晓,秦永胜.2001.森林植被对坡地不同空间尺度侵蚀产沙影响分析[J].水土保持研究,
　8(4):66-69,99.

曾伯庆,马文中,张治国,等.1991.三趾马红土泻溜侵蚀规律研究[J].中国水土保持,(7):25-29,55,67.

翟有吉,何鸿政,刘若琼.2003.庆阳地区董志塬地下水开发利用现状及管理对策[J].水资源保护,(4):19-21.

张峰,廖卫红,雷晓辉,等.2011.分布式水文模型子流域划分方法[J].南水北调与水利科技,9(3):101-105.

张红武,张清.1992.黄河水流挟沙力的计算公式[J].人民黄河,(11):7-9.

张建军.2007.黄土坡面地表径流挟沙能力研究综述[J].泥沙研究,(4):77-81.

张建兴,马孝义,赵文举,等.2008.黄土高原重点流域河网分形特征研究[J].泥沙研究,(5):9-14.

张科利.1991a.黄土坡面侵蚀产沙分配及其与降雨特征关系的研究[J].泥沙研究,(4):39-46.

张科利.1991b.浅沟发育对土壤侵蚀作用的研究[J].中国水土保持,(4):19-21,65.

张科利.1998.陕北黄土高原丘陵沟壑区坡耕地浅沟侵蚀及其防治途径[D].杨凌:中国科学院水利部水土保持研究所硕士学位论文.

张科利,秋吉康宏.1998.坡面细沟侵蚀发生的临界水力条件研究[J].土壤侵蚀与水土保持学报,4(1):42-47.

张科利,唐克丽.1992.浅沟发育与陡坡开垦历史的研究[J].水土保持学报,6(2):59-62,67.

张科利,唐克丽.2000.黄土坡面细沟侵蚀能力的水动力学试验研究[J].土壤学报,37(1):9-15.

张科利,细山田健三.1998.坡面溅蚀发生过程及其与坡度关系的模拟研究[J].地理科学,18(6):561-566.

张科利,张竹梅.2000.黄土陡坡细沟侵蚀及其产沙特征的实验研究[J].自然科学进展,10(12):82-85.

张科利,唐克丽,王斌科.1991.黄土高原坡面浅沟侵蚀特征值的研究[J].水土保持学报,5(2):8-13.

张宽地,王光谦,吕宏兴,等.2011a.坡面浅层明流流态界定方法[J].实验流体力学,25(4):67-73.

张宽地,王光谦,王占礼,等.2011b.人工加糙床面薄层滚波流水力学特性试验[J].农业工程学报,27(4):28-34.

张宽地,王光谦,孙晓敏,等.2014.坡面薄层水流水动力学特性试验[J].农业工程学报,30(15):182-189.

张少文,王文圣,丁晶,等.2005.分形理论在水文水资源中的应用[J].水科学进展,(1):141-146.

张晓明.2007.黄土高原典型流域土地利用/森林植被演变的水文生态响应与尺度转换研究[D].北京:北京林业大学博士学位论文.

张羽,洪建,李远发,等.2006.黄河水流挟沙力公式的验证[J].人民黄河,28(11):16-17,20.

张志强,王盛萍,孙阁,等.2006.流域径流泥沙对多尺度植被变化响应研究进展[J].生态学报,26(7):2356-2364.

赵晓光,吴发启,王健.2000.坡面薄层径流最小侵蚀临界值及主要影响因子研究[J].水土保持研究,7(1):30-32.

郑粉莉,张成娥.2002.林地开垦后坡面侵蚀过程与土壤养分流失的研究[J].水土保持学报,16(1):44-46.

郑粉莉,唐克丽,周佩华.1989.坡耕地细沟侵蚀影响因素的研究[J].土壤学报,26(2):109-116.

郑粉莉,武敏,张玉斌,等.2006.黄土陡坡裸露坡耕地浅沟发育过程研究[J].地理科学,26(4):4438-4442.

郑明国,蔡强国,王彩峰,等.2007.黄土丘陵沟壑区坡面水保措施及植被对流域尺度水沙关系的影响[J].水利学报,(1):47-53.

郑子彦,张万昌,邰庆国.2009.基于DEM与数字化河道提取流域河网的不同方案比较研究[J].资源科学,31(10):1730-1739.

周祖昊,王浩,贾仰文,等.2005.缺资料地区日降雨时间上向下尺度化方法探讨——以黄河流域为例[J].资源科学,27(1):92-96.

周祖昊,贾仰文,王浩,等.2006.大尺度流域基于站点的降雨时空展布[J].水文,26(1):6-11.

朱显谟.1956.黄土区土壤侵蚀的分类[J].土壤学报,4(2):99-115.

朱永清.2006.黄土高原典型流域地貌形态分形特征与空间尺度转换研究[D].西安:西安理工大学博士学位论文.

朱永清,李占斌,鲁克新,等.2005.地貌形态特征分形信息维数与像元尺度关系研究[J].水利学报,36(3):333-338.

Abbott M B,Bathurst J C,Cunge J A,et al.1986. An introduction to the European Hydrological System−Systeme Hydrologique Europeen,"SHE":2. structure of a physically- based distributed modelling system [J]. Journal of Hydrology,87:61-77.

Bagnold A.1966. An Approach to the Sediment Transport Problem from General Physics[R]. Washington D. C.:U. S. Geological Survey.

Balmforth N J,Mandre S.2004. Dynamics of roll waves[J]. Journal of Fluid Mechanics,514:1-33.

Beven K J,Lamb R,Romannowicz P,et al.1995. Chapter18:TOPMODEL//Singh V P. Computer Models of Watershed Hydrology [C]. Littleton,Colo:Water Resources Publications.

Bicknell B R,Imhoff J L,Kittle J L,et al.1993. Hydrologic Simulation Program−Fortran,User's Manual for Release 10[R]. Athens,Ga:U. S. EPA Environmental Research Laboratory.

Brock R R.1969. Development of roll- wave trains in open channels[J]. Journal of Hydraulic Division ASCE,95:1401-1428.

Cammeraat L H,Imeson A C.1999. The evolution and significance of soil- vegetation patterns following land abandonment and fire in Spain[J]. Catena,(37)(1-2):107-127.

Capra A,Mazzara L M,Scicolone B.2005. Application of the EGEM model to predict ephemeral gully erosion in Sicily,Italy [J]. Catena,59(2):133-146.

Chang H C,Demekhin F A,Kalaidin E.2000. Coherent structures,self- similarity,and universal roll wave coarsening dynamics [J]. Physics of Fluids,12(9):2268-2278.

Crawford N H,Linsley R K.1966. Digital Simulation in Hydrology:Stanford Watershed Model Ⅳ[R]. Tech. Rep. No. 39. Palo Alto:Stanford University.

Dressler R F.1949. Mathematical solution of the problem of roll waves in inclined open channels[J].

Communications on Pure and Applied Mathematics,2:149-194.

Elliot W J,Laflen J M. 1988. A process- based rill erosion model[J]. Transactions of the ASAE, 136(1):65-72.

Emmett W W. 1978. Overland Flow In:Hillslope Hydrology[M]. Oxford:Oxford University Press.

Fisher P,Abrahart R J,Herbinger W. 1997. The sensitivity of two distributed non-point source pollution models to the spatial arrangement of the landscape[J]. Hydrological Processes,11:241-252.

Foster G R, Meyer L D. 1972. Transport of soil particles by shallow flow[J]. Transactions of the American Society of Agricultural Engineers,51(1):99-102.

Foster G R,Huggins L F,Meyer L D. 1984. Laboratory study of rill hydraulics:I. velocity relationships[J]. Transactions of the American Society of Agricultural Engineers,27(3):790-796.

Freeze R A,Harlan R L. 1969. Blueprint for a physically-based,digitally-simulated hydrologic response model [J]. Journal of Hydrology,9(3):237-258.

Gong J G,Jia Y W,Zhou Z H,et al. 2011. An experimental study on dynamic processes of ephemeral gully erosion in loess landscapes[J]. Geomorphology,125(1):203-213.

Green W,Ampt G. 1911. Studies on soil physics:I. the flow of air and water through soils [J]. Journal of Agricultural Science,4(1):1-24.

Hatton T J,Dawes W R, Vertessy R. 1995. The importance of landscape position in scaling SVAT models to catchment scale hydroecological prediction[M]. Cambridge:Cambridge University Press.

Horton R E. 1945. Erosional development of streams and their drainage basins:hydrophysical approach to quantitative morphology[J]. Bulletin of the Geological Society of America,56:275-370.

Hu Z,Islam S. 1995. Prediction of ground surface temperature and soil moisture content by the force-restore method [J]. Water Resources Research,31(10):2531-2539.

Huber W C, Dicknson R E. 1988. Storm Water Management Model,User's Manual Version 4[R]. Washington D. C. :U. S. EPA.

Hydrologic Engineering Center(HEC). 1968. HEC- 1 Flood Hydrograph Package Usm. Davis, Calif: U. S. Army Corps of Engineers.

Jia Y W,Tamai N. 1997. Modeling infiltration into a multi- layered soil during an unsteady rain [J]. Journal of Hydroscience and Hydraulic Engineering,41(41):31-36.

Jia Y W,Ni G H,Kawahara Y,et al. 2001. Development of WEP model and its application to an urban watershed[J]. Hydrological Processes,15:2175-2194.

Jia Y W,Wang H,Zhou Z H,et al. 2006. Development of the WEP-L distributed hydrological model and dynamic assessment of water resources in the Yellow River basin[J]. Journal of Hydrology,331(3-4):606-629.

Kandel D D,Western A W,Grayson R B. 2005. Scaling from process timescales to daily time steps:a distribution function approach[J]. Water Resources Research,2(14):1-21.

Knapen A,Poesen J,Govers G,et al. 2007. Resistance of soils to concentrated flow erosion:a review [J]. Earth-Science Reviews,80(1-2):75-109.

Laflen J M,Elliot W J,Simanton J R,et al. 1991a. WEPP:soil erodibility experiments for rangeland and cropland soils[J]. Journal of Soil and Water Conservation,46(1):39-44.

Laflen J M, Lane L J, Foster G R. 1991b. WEPP:a new generation of erosion prediction technology[J]. Journal of Soil and Water Conservation,46(1):34-38.

Leavesley G H, Markstrom S L, Restrepo P J, et al. 2002. A modular approach to addressing model design, scale, and parameter estimation issues in distributed hydrological modeling [J]. Hydrological Processes,16(2):173-187.

Li T J, Wang G Q, Chen J. 2010. A modified binary tree codification of drainage networks to support complex hydrological models[J]. Computers and Geosciences,36(11):1427-1435.

Liu Q Q. 2005. Roll waves in overland flow[J]. Journal of Hydrologic Engineering,10(2):110-117.

Lyle W M, Smerdon E T. 1965. Relation of compaction and other soil properties to erosion resistance of soils[J]. Transactions of the ASAE,8(3):419-422.

Martz L W, Garbrecht J. 2005. The treatment of flat areas and depressions in automated drainage analysis of raster digital elevation models[J]. Hydrological Processes,12(6):843-855.

Mein R, Larson C. 1973. Modeling infiltration during a steady rain [J]. Water Resources Research,9: 384-394.

Misra R K, Rose C W. 2010. Application and sensitivity analysis of process-based erosion model GUEST [J]. European Journal of Soil Science,47(4):593-604.

Monteith J. 1973. Principles of Environmental Physics [M]. London:Edward Arnold Publishers Ltd.

Moore I, Eigel J. 1981. Infiltration into two-layered soil profiles [J]. Transactions of the ASAE,(24): 1496-1503.

Morgan R P C, Quinton J N, Smith R E, et al. 1998. The European soil erosion model(EUROSEM):a dynamic approach for predicting sediment transport from fields and small catchments [J]. Earth Surface Processes and Landforms,23(6):527-544.

Nash J E. 1957. The form of the instantaneous unit hydrograph [J]. International Association of Scientific Hydrology,Publ,3:114-121.

Nearing M A. 1989. A process-based soil erosion model for USDA−water erosion prediction project technology[J]. Transactions of the ASAE,32(5):1587-1593.

Nearing M A, Simanton J R, Norton L D, et al. 1999. Soil erosion by surface water flow on a stony, semiarid hillslope[J]. Earth Surface Processes and Landforms,24(8):677-686.

Nearing M A, Jetten V, Baffaut C, et al. 2005. Modeling response of soil erosion and runoff to changes in precipitation and cover[J]. Catena,61(2-3):131-154.

Noilhan J, Planton S. 1989. A simple parameterization of land surface processes for meteorological models [J]. Monthly Weather Review,117(3):536-549.

Penman H L. 1948. Natural evaporation from open water, bare soil and grass [J]. Proceedings of the Royal Society of London,Series A, Mathematical and Physical Sciences,193(1032):120-145.

Russ J C. 1994. Fractal Surfaces[M]. New York:Plenum Press.

Selby M J. 1993. Hillslope Materials & Processes[M]. Oxford:Oxford University Press.

Shen H W, Li R M. 1973. Rainfall effects on sheet flow over smooth surface. Journal of Hydraulic

Division ASCE,99(5):771-792.

Sherman L K. 1932. Stream flow from rainfall by the unit-graph method[J]. Engineering News-Record, (108):501-505.

Sugawara M. 1995. Chapter6:Tank Model//Singh V P. Computer Models of Watershed Hydrology[C]. Littleton,Colo:Water Resources Publications.

Swamee P K,Ojha C S P. 1991. Bed load and suspended-load transport of nonuniform sediments[J]. Journal of Hydraulic Engineering,117(6):774-787.

Thomas H A. 1940. The Propagation of Waves in Steep Prismatic Conduits [R]. Pittsburgh, Pennsylvania:Department of Civil Engineering,Carnegie Institute of Technology.

Tian F,Hu H,Lei Z,et al. 2006. Extension of the representative elementary watershed approach for cold regions via explicit treatment of energy related processes[J]. Hydrology and Earth System Sciences, 10(5):619-644.

Valcárcel M,Taboada M T,Paz A, et al. 2003. Ephemeral gully erosion in northwestern Spain[J]. Catena,50(2-4):199-216.

Vannoni A. 1978. Prediction sediment discharge in alluvial channels [J]. Water Supply and Management,1:399-417.

Verdin K L,Verdin J P. 1999. A topological system for delineation and codification of the Earth's river basins[J]. Journal of Hydrology,218(1-2):1-12.

Wang H,Fu X,Wang G. 2013. Multi-tree Coding Method(MCM)for drainage networks supporting high-efficient search[J]. Computers & Geosciences,52:300-306.

Williams J R,Rose S C,Harris G L. 1995. The impact on hydrology and water quality of woodland and set-aside establishment on lowland clay soils[J]. Agriculture,Ecosystems and Environment,54(3): 215-222.

Yang C T. 1996. Sediment Transport:Theory and Practice[M]. New York:McGraw Hill.

Yong Y N,Wenzel H G. 1971. Mechanics of sheet flow under simulated rainfall[J]. Journal of the Hydraulics Division,97(9):1367-1386.

Zanuttigh B,Lamberti A. 2002. Roll waves simulations using shallow water equations and weighted average flux method[J]. Journal of Hydraulic Research,40(5):610-622.

Zhang X, Drake N A, Wainwright J, et al. 1999. Comparison of slope estimates from low resolution DEMs:scaling issues and a fractal method for their solution [J]. Earth Surface Processes and Landforms,24:763-779.

Zhao C H,Gao J E,Zhang M J,et al. 2015. Response of roll wave to suspended load and hydraulics of overland flow on steep slope[J]. Catena,133:394-402.

Zhao R J,Liu X R. 1995. Chapter 7:the Xinanjiang model//Singh V P. Computer Models of Watershed Hydrology[C]. Littleton,Colo:Water Resources Publications.

Zheng F,He X,Gao X,et al. 2005. Effects of erosion patterns on nutrient loss following deforestation on the Loess Plateau of China[J]. Agriculture,Ecosystems and Environment,108(1):85-97.

Zhou Q M,Liu X J. 2004. Analysis of errors of derived slope and aspect related to DEM data properties[J].

Computers and Geosciences,30(4):369-378.

Zhu T X. 1997. Deep-seated,complex tunnel systems-a hydrological study in a semi-arid catchment, Loess Plateau,China[J]. Geomorphology,20(3-4):255-267.

Zhu T X,Luk S H,Cai Q G. 2002. Tunnel erosion and sediment production in the hilly loess region, North China[J]. Journal of Hydrology,257(1-4):78-90.